KB202016

창의에 빠진 꼴찌와 얄미운 일등의
수학 배틀

창의에 빠진 꼴찌와
얄미운 일등의

수학 배틀

성민영 지음
박경미(홍익대 수학교육과 교수) 감수

한얼

수학은 아이들의 창의성을 춤추게 합니다

아이들이 수학 공부를 어려워하는 이유는 여러 가지가 있겠지만, 그중 가장 큰 원인은 바로 '목적을 모른다'는 것입니다. 즉, 무엇을 위해 수학을 공부해야 하는지, 수학을 공부해서 어디에 쓰는지를 모르는 것이지요. 더하기, 빼기, 곱하기, 나누기만 알면 사는 데 지장 없을 것 같은데 복잡하고 어려운 수학 공부를 왜 하는지 도대체 이해가 안 되는 거지요. 막연히 공부를 하니까 흥미도 안 생기고 재미가 없는 겁니다. 그러다 보면 점점 수학을 멀리하게 됩니다. 이는 부모들도 마찬가지여서, 오직 시험 점수만을 위해 아이들에게 수학 공부를 시키기도 합니다.

반면에 음악이나 미술 같은 과목에 그런 의문을 가지는 사람은 드뭅니다. 실제로도 음악을 배워서 어디에 쓰느냐는 질문은 거의 들을 수 없지요. 하지만 음악을 몰라도 사는 데 지장은 없습니다. 그림을 못 그려도 마찬가지고요. 그럼에도 우리는 그 과목들에 대해서는 '왜 이것을 배워야

하는가?'라는 의문을 잘 가지지 않습니다. 이는 미술이나 음악을 배우면 우리의 삶이 풍요롭게 된다는 것을 알고 있기 때문입니다.

사실 수학도 마찬가지입니다. 수학은 오랜 역사를 통해 인간의 삶을 풍요롭고 윤택하게 하는 데 그 무엇보다도 크게 공헌해 왔습니다. 하지만 안타깝게도 수학의 역할은 눈에 쉽게 보이지 않지요. 그래서 사람들은 수학의 역할은 간과한 채 막연히 공부하는 경우가 많습니다. 입시만을 위한 공부 때문에 수학에 대한 흥미를 갖지 못하는 것이지요. 하지만 학교에서 배우는 공식과 문제들이 수학의 전부일까요? 절대 그렇지 않습니다. 학교에서 배우는 수학은 말하자면 기초 중에서도 기초일 뿐이지요. 훌륭한 요리를 만들기 위해 다듬은 재료라고나 할까요? 물론 재료를 다듬는 것도 중요하지요. 하지만 가끔은 맛있는 요리를 직접 맛 보고 즐길 수 있다면, 주방에서 매일 요리를 준비하는 실습생들에게도 동기 부여가 되지 않을까요?

마찬가지로 수학에 재미를 느끼고 수학 공부에 동기 부여를 하려면, 가끔은 수학을 즐길 수 있어야 합니다. 그리고 수학이 어떤 곳에 쓰이는지도 조금은 알아 둘 필요가 있지요. 독자들이 이 책을 읽고 '수학은 재미없고 어렵다'는 고정관념을 깨고, 수학의 재미를 알아 가게 되기를 진심으로 바랍니다.

성민영

차례

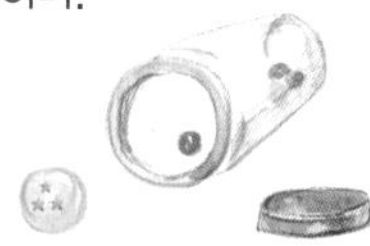

123
456

1

수(數)의 세계

01
신기하고
재미있는 수

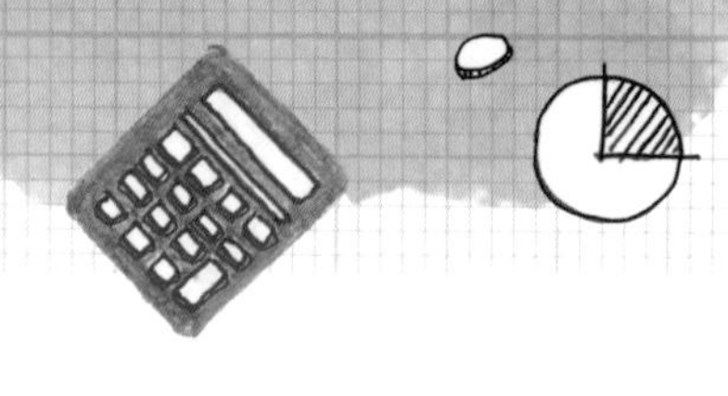

첫째 시간

142857과 6174

여러분, 만나서 반가워요. 저는 여러분을 수학의 세계로 안내할 선생님이에요. 수학의 세계는 참으로 신비롭답니다.

오늘은 첫 시간이니까 우선 수를 이용해서 재미있게 놀아 볼까요? 숫자만 봐도 속이 울렁거리는데 뭐가 재미있냐고요? 걱정할 필요 없어요. 사실 알고 보면 수학의 세계는 인터넷 게임 속 세상보다도 더 재미있는 곳이니까요. 의심이 많은 친구는 선생님 말을 안 믿겠지만, 142857이라는 수를 알고 나면 아마 생각이 달라질걸요?

이 평범하게 생긴 여섯 자리 수는 알면 알수록 재미있는 친구랍니다. 자, 지금부터 수의 마술을 보여 줄게요.

우선, 142857에 1부터 6까지를 차례로 곱해 볼까요? 어떤 일이 일어나는지 보세요.

$$142857 \times 1 = 142857 \qquad 142857 \times 2 = 285714$$
$$142857 \times 3 = 428571 \qquad 142857 \times 4 = 571428$$
$$142857 \times 5 = 714285 \qquad 142857 \times 6 = 857142$$

어때요? 발견했나요? 그래요, 다 142857의 자리만 바뀌 놓은 수라는 걸 알 수 있죠. 여기서 끝이 아니에요. 이번에는 7을 곱해 볼게요.

$$142857 \times 7 = 999999$$

신기하죠? 음… 신기하지 않다면, 이번에는 쪼개서 더해 볼까요?

$$142 + 857 = 999$$
$$14 + 28 + 57 = 99$$

142857에 어떤 한 자리 수를 곱해서 나온 수들로도 같은 계산을 해 보세요. 두 개로 쪼개서 더하면 999가 되고 세 개로 쪼개서 더하면 모두 99가 됩니다.

또, 142857에 258을 곱하면

$$142857 \times 258 = 36857106$$

이 수를 끝에서 세 자리씩 끊어서 만든 수들을 더하면

$$36 + 857 + 106 = 999$$

142857에 어떤 세 자리 수를 곱해 끝에서 세 자리씩 자른 수들을 더하면 999 또는 999의 2배인 1998이 나옵니다. 만약 세 자리 수보다 더 큰 수를 곱해도 마찬가지고요.

이쯤 되면 다들 눈이 휘둥그레졌겠네요. 하지만 아직도 끝이 아니랍니다. 이번에는 142857과 142857을 서로 곱해 봐요.

$$142857 \times 142857 = 20408122449$$

이게 뭐냐고요? 서두르지 마세요. 수학은 마음을 편히 먹고 느긋하게 즐길 줄 알아야 한답니다. 자, 20408122449를 20408과 122449로 나누어서 더해 보세요!

$$20408 + 122449 = 142857$$

어때요? 놀랐죠? 신기하죠? 재미있죠?

수학에는 이렇게 재미있는 수들이 무수히 숨어 있답니다.

재미있는 수를 하나 더 보고 갈까요? 이번에 살펴볼 수는 6174입니다. 자, 이번에도 종이와 연필을 준비해 함께 계산을 해 봐요!

우선 네 자리 수 중 아무거나 한 가지를 골라 보세요. 단, 네 자리가 모두 같은 수, 그러니까 1111이라든지 2222 같은 수는 빼고요. 어떤 수를 골랐나요? 선생님은 1485를 골랐어요.

지금부터가 중요해요. 이제 직접 고른 네 자리 수의 각 숫자들을 떼어 내 봐요. 선생님처럼 1485를 골랐다면 1, 4, 8, 5가 되겠죠? 이제 이 네 개의 숫자를 이용해 가장 큰 수와 가장 작은 수를 각각 만들어 볼게요. 가장 큰 수는 8541, 가장 작은 수는 1458이 되겠네요. 이제 이렇게 만든 가장 큰 수에서 가장 작은 수를 빼는 거예요.

$$8541 - 1458 = 7083$$

이게 뭐가 신기하냐고요? 선생님이 아까도 말했죠? 수학은 마음을 편히 먹고 느긋하게 즐겨야 한다고요. 이제 7083을 아까처럼 7, 0, 8, 3으로 떼어 내서 같은 계산을 반복해 봐요.

가장 큰 수 8730, **가장 작은 수** (0)378
=> 8730 - 378 = 8352

가장 큰 수 8532, **가장 작은 수** 2358
=> 8532 - 2358 = 6174

자, 이제 낯익은 수가 보이지요? 바로 지금 소개하고 있는 6174입니다. 이제 이 6174로도 같은 계산을 해 볼까요?

가장 큰 수 7641, **가장 작은 수** 1467
=> 7641 - 1467 = 6174

우와, 또 6174가 나왔네요? 바로 이게 6174의 특징이랍니다. 더 재미있는 건, 1000부터 9999까지 중 네 자리 숫자가 모두 같은 9개를 빼고 아무 수나 골라서 계산해 보면 7번 이내에 6174가 나올 거예요. 6174의 특징을 발견한 사람은 인도의 수학자 카프리카인데, 어떻게 이런 수를 찾아냈는지는 아무도 모른답니다. 꿈에서라도 카프리카를 만나게 되거든 꼭 좀 물어 보세요.

6174처럼, 이렇게 각 자리 숫자들의 위치를 바꾸어 만든 수 중 큰 수에서 작은 수를 빼는 과정을 반복했을 때 최종적으로 나오는 수를 '카프리카 상수(Kaprekar Constant)'라고 부른답니다.

카프리카의 이름이 붙은 수는 이것뿐만이 아니에요. 어떤 수를 두 번 곱해서 나온 값을 둘로 쪼개서 더했을 때 처음의 그 수가 나오는 경우가 있는데, 이런 수를 '카프리카 수(Kaprekar Number)'라고 한답니다. 예를 들면 다음과 같은 수들이지요.

9 × 9 = 8|1 ⟶ 8 + 1 = 9

45 × 45 = 20|25 ⟶ 20 + 25 = 45

297 × 297 = 88|209 ⟶ 88 + 209 = 297

세상에는 이렇게 신기하고 재미있는 특징을 가진 수들이 많은데, 이런 수들에는 카프리카 상수나 카프리카 수처럼 처음 발견한 사람의 이름을 붙여 주는 경우가 많답니다. 여러분도 한번 도전해 보는 게 어때요?

한 걸음 앞서 가기

카프리카 상수와 카프리카

인도의 수학자인 D. R. 카프리카(Dattaraya Ramchandra Kaprekar, 1905~1986)는 대학 졸업 후 학교에서 수학 교사로 일하는 동안 수학에 관련된 퍼즐과 수학 이론들을 책으로 출판하면서 유명해졌다. 또한 수에 관한 흥미로운 이론을 몇 가지 발견했는데, 그중 대표적인 것이 카프리카 상수이다. 세 자리 수에서는 495, 네 자리 수에서는 6174가 카프리카 상수가 된다.

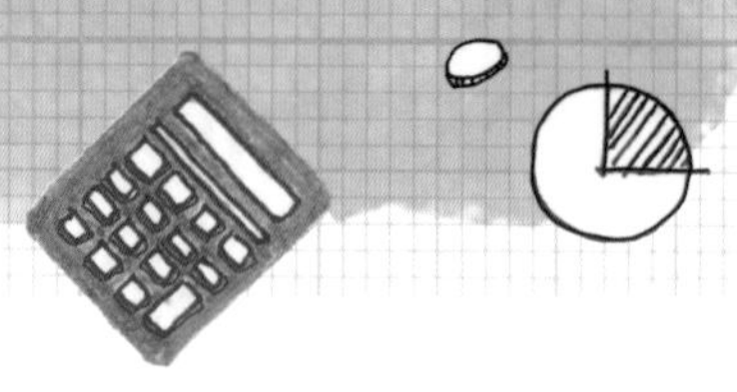

둘째 시간

수 피라미드

이번에는 하나의 수가 아니라 여러 수들이 모였을 때 일어나는 재미있는 일을 소개할게요. '수 피라미드'라고 하는데, 말만 들어도 궁금하죠? 수 피라미드에는 여러 가지가 있는데, 여기서는 여섯 개만 살펴볼까요?

$$1+2 = 3$$
$$4+5+6 = 7+8$$
$$9+10+11+12 = 13+14+15$$
$$16+17+18+19+20 = 21+22+23+24$$
$$25+26+27+28+29+30 = 31+32+33+34+35$$
$$36+37+38+39+40+41+42 = 43+44+45+46+47+48$$

수 피라미드에는 이렇게 더하기만으로 이루어진 것이 있는가 하면, 곱셈으로 이루어지는 수 피라미드도 있어요.

$$1 \times 1 = 1$$

$$11 \times 11 = 121$$

$$111 \times 111 = 12321$$

$$1111 \times 1111 = 1234321$$

$$11111 \times 11111 = 123454321$$

$$111111 \times 111111 = 12345654321$$

$$1111111 \times 1111111 = 1234567654321$$

$$11111111 \times 11111111 = 123456787654321$$

$$111111111 \times 111111111 = 12345678987654321$$

어때요? 1로만 이루어진 수들로 곱셈을 했는데, 결과가 신기하죠? 다음으로 곱셈과 덧셈이 함께 들어가는 수 피라미드들을 살펴볼까요?

$$1 \times 9 + 2 = 11$$

$$11 \times 99 + 22 = 1111$$

$$111 \times 999 + 222 = 111111$$

$$1111 \times 9999 + 2222 = 11111111$$

$$11111 \times 99999 + 22222 = 1111111111$$

$$111111 \times 999999 + 222222 = 111111111111$$

$$1111111 \times 9999999 + 2222222 = 11111111111111$$

$$1 \times 8 + 1 = 9$$
$$12 \times 8 + 2 = 98$$
$$123 \times 8 + 3 = 987$$
$$1234 \times 8 + 4 = 9876$$
$$12345 \times 8 + 5 = 98765$$
$$123456 \times 8 + 6 = 987654$$
$$1234567 \times 8 + 7 = 9876543$$
$$12345678 \times 8 + 8 = 98765432$$
$$123456789 \times 8 + 9 = 987654321$$

$$0 \times 9 + 1 = 1$$
$$1 \times 9 + 2 = 11$$
$$12 \times 9 + 3 = 111$$
$$123 \times 9 + 4 = 1111$$
$$1234 \times 9 + 5 = 11111$$
$$12345 \times 9 + 6 = 111111$$
$$123456 \times 9 + 7 = 1111111$$
$$1234567 \times 9 + 8 = 11111111$$
$$12345678 \times 9 + 9 = 111111111$$
$$123456789 \times 9 + 10 = 1111111111$$

자, 그럼 마지막으로 조금 복잡해 보이는 수 피라미드를 하나만 더 볼까요?

$$1 \times 9 \times 1 + 1 \times 2 = 11$$
$$12 \times 9 \times 2 + 2 \times 3 = 222$$
$$123 \times 9 \times 3 + 3 \times 4 = 3333$$
$$1234 \times 9 \times 4 + 4 \times 5 = 44444$$
$$12345 \times 9 \times 5 + 5 \times 6 = 555555$$
$$123456 \times 9 \times 6 + 6 \times 7 = 6666666$$
$$1234567 \times 9 \times 7 + 7 \times 8 = 77777777$$
$$12345678 \times 9 \times 8 + 8 \times 9 = 888888888$$
$$123456789 \times 9 \times 9 + 9 \times 10 = 9999999999$$

어때요? 규칙을 가진 숫자들이 모여서 이렇게 예쁜 피라미드 모양을 이루는 걸 보니 신기하죠? 그런데 이 계산이 다 맞는 거냐고요? 그건 여러분이 직접 한번 해 보세요. 간단한 곱셉과 덧셈이니까 금방 할 수 있을 거예요.

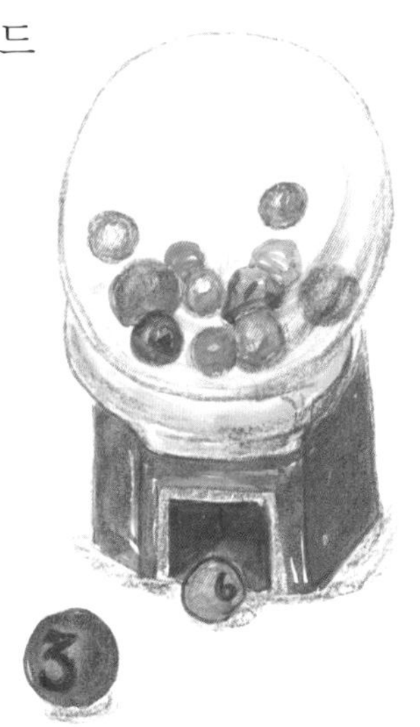

 우수와 일랑이의 수학 배틀

수학으로 하는 독심술(讀心術)

일랑이의 공격 내 짝은 마술사!

안녕하세요? 만나서 반가워요. 나는 한언초등학교 5학년 3반의 강우수예요. 공부를 잘하는 건 아니지만, 운동도 잘하고 친구들에게 인기도 많은 착한 어린이랍니다. 내 짝 이름은 오일랑이에요. 일랑이는 전교 1등이고 아주 똑똑한 아이인데, 은근히 나를 무시해요.

오늘도 쉬는 시간에 일랑이가 말했어요.

일랑 어이, 하나도 안 우수한 강우수! 나는 네가 무슨 생각을 하고 있는지 다 알고 있어!

우수 (나는 일랑이가 공부를 너무 많이 해서 정신이 나간 줄 알았어요.)

일랑 나 정신 나간 거 아니거든?

우수 (우와! 진짜 내 생각을 알아맞혔어요! 맙소사!)

일랑 좋아, 못 믿겠다면 증거를 보여 주지. 1에서 9까지 중에 네가 좋아하는 숫자를 골라 봐. 내가 맞힐 테니까.

우수 (그래서 생각했죠. 나는 8을 생각했어요. 내가 좋아하는 피자가 8조각으로 나오니까요. 우와, 생각만 해도 배가 고파요. 피자 먹고 싶다.)

일랑 그 수에 9를 곱해 봐.

우수 (곱했어요. 72가 나왔겠죠?)

일랑 곱해서 나온 수가 한 자리 수면 그냥 놔두고, 두 자리 수면 두 숫자를 더해 봐. 만약 36이면 3 더하기 6을 하는 거야.

우수 (더했어요. 그래서 9가 나왔죠.)

일랑 그 수에 아까 네가 고른 좋아하는 수를 더해. 얼마가 나왔지?

우수 17이 나왔는데. (난 일랑이가 답을 못 맞히면 약을 올려 줄 생각으로 '메롱'과 '바보야!'를 준비하고 있었어요. 그런데 세상에!)

일랑 오케이, 네가 좋아하는 숫자는 8이구나?

우수 으악! 일랑이가 내 생각을 읽었다!

난 너무 놀라서 수업이 시작된 줄도 모르고 소리를 질러 선생님께 혼이 났답니다. 과연 일랑이는 어떻게 내가 좋아하는 숫자를 맞혔을까요? 정말 마술을 부린 걸까요?

저는 비밀을 밝혀내기로 결심했어요. 1부터 9까지의 모든 숫자에 9를 곱하고, 각 자리 수를 서로 더해 봤답니다. 그랬더니 전부 다 9가 나왔어요!

$$9 \times 1 = 9 \rightarrow 0 + 9 = 9$$

$$9 \times 2 = 18 \rightarrow 1 + 8 = 9$$

$$9 \times 3 = 27 \rightarrow 2 + 7 = 9$$

나머지는 생략할게요. 직접 해 보세요.

결과가 9가 나왔으니 여기에 내가 좋아하는 수를 더한 데서 다시 9만 빼면 그 숫자가 나오겠죠? 이게 바로 9의 특징을 이용한 마술, 독심술(讀心術)의 비밀이었어요!

우수의 반격 나도 마술사!

나는 일랑이에게 복수를 하기로 했어요. 그래서 이번에는 내가 독심술을 준비했답니다.

다음 날, 나는 일랑이가 나에게 했던 말을 똑같이 해 줬어요.

우수 공부밖에 모르는 오일랑! 나는 네 생각을 읽을 수 있어! (이번에는 일랑이가 뭔 뚱딴지같은 소리냐는 얼굴로 나를 쳐다봤어요.)

우수 나 정신 나간 거 아니야! (일랑이가 깜짝 놀란 걸 보면, 아마 내가 정신이 나갔다고 생각했나 봐요. 맙소사!)

우수 좋아, 못 믿겠다면 연필과 종이를 꺼내. (일랑이는 고분고분 내 말을 들었어요. 나도 종이와 연필을 꺼냈죠.)

우수 지금부터 세 자리 수로 덧셈과 뺄셈을 할 건데, 네가 계산하기도 전에 내가 답을 맞혀 주지. (일랑이가 뭐라고 말하기도 전에 나는 내 종이에 답을 적어서 반으로 접어 주머니에 넣었어요.)

우수 자, 이제 백의 자리 숫자와 일의 자리 숫자의 차이가 1보다 큰 세 자리 수를 아무거나 하나 골라 봐. 827 같은 건 8과 7의 차이가 1이니까 안 돼.

일랑 응, 알겠어.

우수 그 수를 거꾸로 쓴 다음, 둘 중 큰 수에서 작은 수를 빼. 예를 들어 123을 골랐으면 거꾸로 했을 때 321이 나오겠지? 그럼 321에서 123을 빼. (일랑이가 계산을 끝내자마자 나는 거드름을 피우면서 말했죠.)

우수 계산해서 나온 수를 거꾸로 쓴 다음, 두 수를 더해 봐. (일랑이는 조금 귀찮은 것 같았지만, 그래도 시키는 대로 했어요. 나는 내가 미리 써 놓은 답이 적힌 종이를 꺼내서 줬죠.)

우수 자, 이게 나왔을 것 같은데, 어때?

일랑 헉!

우수 (내가 준 종이를 펼쳐 본 일랑이는 깜짝 놀랐어요.)

일랑 1089 맞아! 어떻게 맞힌 거야?

우수 (너무 놀랐는지, 일랑이는 수업이 시작된 것도 잊고 소리를 질러 선생님께 꾸중을 들었답니다.)

여러분도 궁금하죠? 내가 어떻게 답을 먼저 알았을까요? 사실은 1089라는 수가 원래 그래요. 첫째 자리와 셋째 자리 수의 차가 2 이상인 세 자리 수로 위와 같은 계산을 하면 답은 항상 1089가 됩니다.

1089는 33을 두 번 곱한 값($1089 = 33 \times 33$)으로, 특이한 성질이 또 하나 있어요. 더해서 10이 되는 한 자리 숫자들의 짝(1과 9, 2와 8…)에서 아무 숫자나 1089에 곱해 봐요. 그리고 이번에는 그 짝이 되는 숫자를 1089와 곱해 보면, 처음에 나온 수를 거꾸로 한 것과 같을 거예요. 3과 7로 계산해 볼까요?

$$1089 \times 3 = 3267$$
$$7623 = 1089 \times 7 \rightarrow 3 + 7 = 10$$

자, 나머지는 여러분이 직접 해 보세요. 참고로 5를 곱하면 5445가 나오는데, 거꾸로 해도 5445가 된답니다.

5
1
6

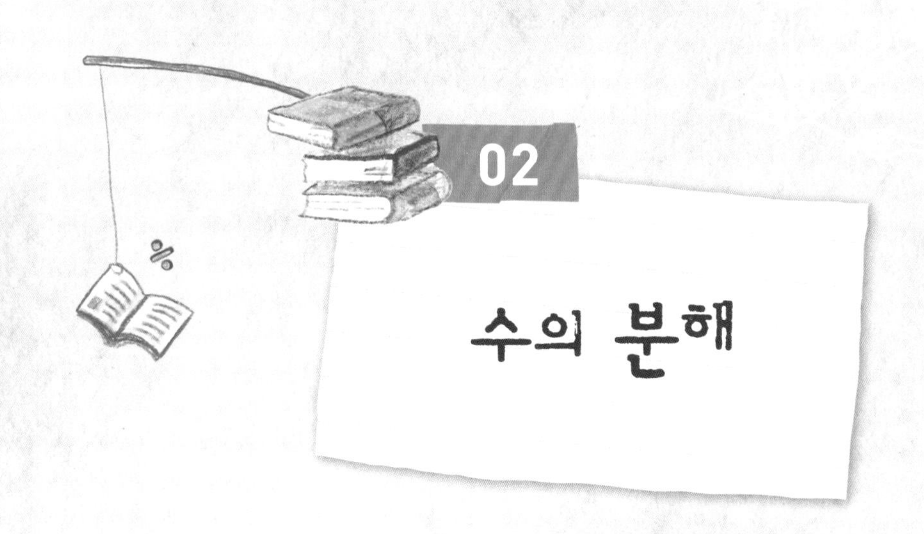

02

수의 분해

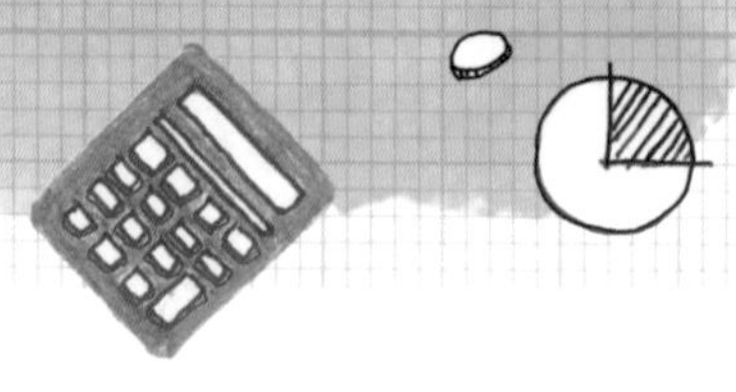
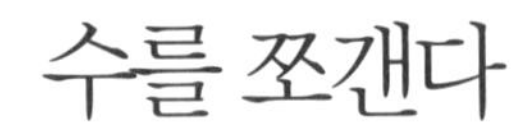

수를 쪼갠다

이번 시간에는 곱하기를 이용한 재미있는 게임을 알려 줄게요. 종이와 연필로 직접 해도 되겠지만, 계산이 조금 복잡하니까 계산기를 준비하세요. 그리고 계산기를 사용하는 게 더 재미있답니다. 순서는 아래와 같아요.

① 1부터 9까지 숫자 중 가장 좋아하는 숫자를 하나 고르세요.

② 그 숫자와 여덟 자리 수 12345679를 곱해요! 자세히 보면 8은 빠져 있으니 주의하세요.

③ 위에서 곱한 수에 이번에는 9를 곱하는 거예요.

어때요? 깜짝 놀랐죠? 그래요, 어떤 숫자를 골랐건 그 숫자가 9개 연속으로 나올 거예요. 어떻게 이런 일이 일어났을까요? 비밀은 12345679×9에 있어요. 이 둘을 곱하면 111111111이 나오게 되어 있거든요. 1에 어떤 숫자를 곱하면 그 숫자가 나온다는 건 다들 알죠? 그러니 1이 9개일 때 숫자 하나를 곱하면 그 숫자가 9개 나오겠지요. 참고로 12345679에 8을 곱하면 98765432가 나온답니다.

이 비밀을 모르는 사람에게는 정말 신기할 테니까, 친구들에게 써먹어 보세요. 아마 친구들이 깜짝 놀랄 거예요.

그런데 갑자기 이 얘기는 왜 하느냐고요? 여러분이 졸릴 것 같아서 재미있게 놀아 보기도 할 겸, 지금부터 소개할 '분해'에 대해서도 알아볼 겸 꺼낸 얘기예요. 어떤 수를 기본이 되는 수의 곱으로 나타내는 것을 분해라고 해요. 단, 수를 분해할 때 1로 나누는 것은 의미가 없기 때문에 1로는 나누지 않아요.

그럼 수의 분해를 어떻게 하는지, 예를 들어 설명해 볼까요? 12345679와 9를 곱해서 111111111이 나왔지요? 이걸 거꾸로 생각해 보면 111111111은 12345679와 9로 분해가 되는 거예요. 그럼 여기서 끝이냐? 물론 아니에요. 9는 다시 3×3으로 분해할 수 있지요. 문제는 12345679인데, 수가 너무 커서 어떻게 분해해야 할지, 분해가 되기는 하는 건지 알기 힘들죠? 그래서 답을 먼저 알려 주자면, 12345679는 37과 333667로 분해할 수 있답니다.

$$111111111 = 12345679 \times 9 = 37 \times 333667 \times 3 \times 3$$

333667, 37, 3은 모두 분해가 되지 않는 수이기 때문에, 여기서는 더 이상 분해를 할 수 없습니다. 333667을 나누어떨어지게 할 수 있는 자연수는 1과 자기 자신(333667)뿐이에요. 37과 3도 마찬가지로 1과 자기 자신으로만 나누어떨어지지요. 1보다 큰 자연수 중 이렇게 1과 자기 자신으로만 나누어떨어지는 자연수를 '소수(素數)'라고 해요. 모든 소수의 약수는 단 2개뿐이지요.

여기서 질문! 1부터 9까지의 자연수 중 소수는 몇 개일까요?

자, 답부터 말해 줄게요. 답은 4개(2, 3, 5, 7)랍니다. 4, 6, 8과 같은 모든 짝수는 2를 약수로 가지기 때문에 소수가 될 수 없어요. 단, 2는 약수가 1과 자기 자신으로 2개뿐이니 짝수 중에는 유일하게 소수가 되는 거지요.

앞에서 111111111을 분해해 봤으니, 1로만 이루어진 수들을 분해하면 어떻게 되는지 알아볼까요? 1로만 이루어진 수 중 1이 1000개 이하인 경우 소수는 단 4개라고 해요. 1이 2개, 19개, 23개, 317개 나열된 수들만 소수라고 하네요.

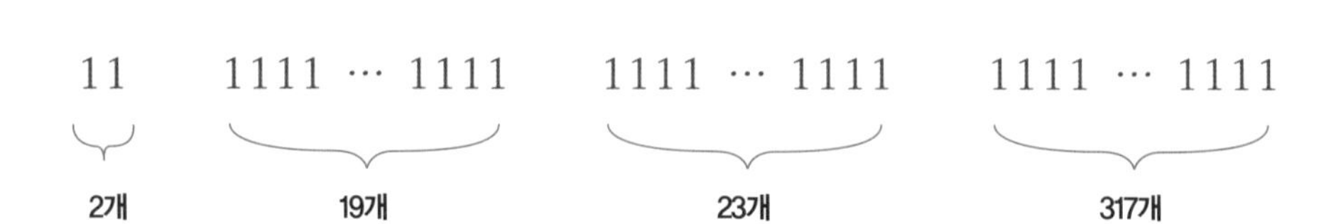

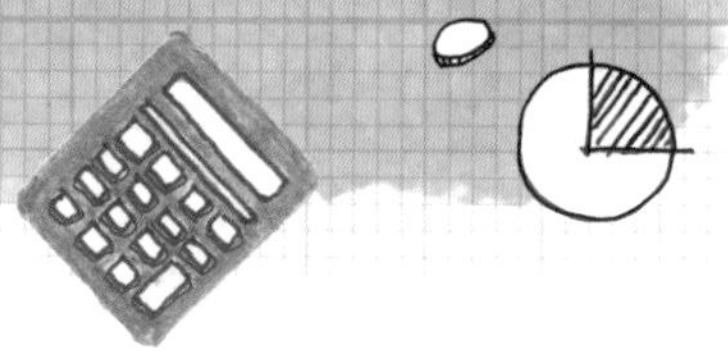

수를 분해해서 뭘 할 수 있을까?

4294967297은 소수일까요? 아닐까요?

이 수가 소수인지 아닌지 계산해 보라고 문제를 내 주고 싶지만, 그러지 않을게요. 왜냐면 이 수가 소수인지 아닌지를 알아내려면 어마어마하게 여러 번을 계산해 봐야 하거든요. 심지어 17세기 최고의 수학자였던 페르마*조차도 소수라고 착각했지만, 사실은 소수가 아니에요. 18세기 최고의 수학자인 레온하르트 오일러(Leonhard Euler)가 분해에 성공했지요. 4294967297은 641과 6700417의 곱으로 나타낼 수 있어요. 사실 요즘에는 컴퓨터로 순식간에 분해할 수 있는데, 페르마의 시대에는 사람이 일일이 손으로 계산할 수밖에 없었으니까 계산 중에 실수를 했나 봐요. 하지만 오늘날에도 어마어마하게 큰 수가 소수인지 아닌지를 알아내는 것은 쉽지 않답니다. 특히나 소수 두 개로 곱해진 수백 자리 수를 분해하는 데는 슈퍼컴퓨터*를 동원해도 백 년 이상 걸린다고 해요.

슈퍼컴퓨터
많은 양의 데이터를 초고속으로 처리할 수 있는 컴퓨터로, 계산 속도가 빠르다. 주로 기상 예보와 우주 공학, 원자력 계산 등에 사용된다.

페르마

피에르 드 페르마(Pierre de Fermat, 1601~1665)는 프랑스의 법률가이자 수학자였다. 변호사로 일하면서 취미로 공부하던 수학을 30세가 되어 본격적으로 공부하기 시작해 수론(數論)을 연구하였다. 또한 확률론, 해석기하학, 미분법의 기초를 마련하여 수학 연구에 커다란 공헌을 했다. 수론에 관련된 여러 가지 정리(定理)를 남겼다. 마지막 남아 있던 '페르마의 마지막 정리'를 1995년 영국의 수학자 앤드루 와일즈가 증명했다.

자, 그렇다면 이렇게 어려운 작업을 왜 할까요? 수학이란 어렵기만 하고 실제로는 아무 데도 써먹을 게 없는 걸까요? 물론 그렇지 않아요. 이 소수의 특징을 이용해 우리는 많은 것을 할 수가 있답니다.

혹시 RSA라는 말을 들어 본 친구 있나요? RSA 암호는 이 암호를 만든 세 수학자의 이름 리베스트(Rivest), 샤미르(Shamir), 아델만(Adleman)의 머리글자를 따서 지은 이름이에요. RSA 암호는, 거대한 두 소수를 곱하는 것은 간단하지만 반대로 분해하는 것은 어렵다는 성질을 이용한 것이지요. 아주 효과적인 암호로 인정받고 있답니다. 보통 암호를 만든 사람은 그 암호를 쉽게 풀 수 있지만, RSA는 암호를 만든 사람도 분해된 두 소수를 모르면 암호를 풀 수 없습니다.

앞에 나온 4294967297을 예로 들어 볼까요? 이때 4294967297이 641과 6700417이라는 두 소수로 이루어졌다는 것을 알아야만 암호를 풀 수 있답니다. 여기서 4294967297은 자물쇠 역할을, 641×6700417은 열쇠 역할을 한다고 보면 돼요.

여기서는 이해하기 쉽게 예를 드느라 10자리 수를 보여 준 것이지, 실제로 RSA 암호에 사용되는 소수는 그 자릿수만도 수만 자리를 넘어간답니다. 이렇게 어마어마한 단위의 소수를 분해하는 것은 컴퓨터의 도움을 받아도 어려운 일이지요. 그래서 RSA 암호가 효과적인 암호라고 인정받는 것이고요. 이런 RSA 암호는 오늘날 인터넷으로 물건을 사고팔 때 사용하는 전자상거래와 전자인증, 전자우편 등에 쓰인답니다.

나도 영웅이 될 수 있을까?

일랑이의 공격 소수(素數)로 돈을 버는 사람들!

쉬는 시간에 일랑이가 내게 물었어요.

일랑 어이, 강우수! 너, 세상에서 가장 큰 소수가 뭔지 알아?

우수 (나는 잠시 우물쭈물했어요. 모른다고 하면 일랑이가 바보라고 할 것 같았거든요.)

일랑 바보야, 모르냐?

우수 (결국 바보 소리를 들었네요. 난 화가 났지만, 참았어요. 왜냐하면 정말 모르니까요. 대신 이렇게 물었어요.) 그럼 넌 알아?

일랑 아니, 그걸 어떻게 알아? 아무도 모를걸?

우수 (이번엔 정말 화가 났어요. 그래서 막 화를 내려고 하는데, 일랑이가 안경을 만지작거리면서 말했어요.)

일랑 하지만 세상에서 가장 작은 소수가 2라는 건 알지.

우수 그건 나도 알아!

일랑 오, 너 따위가 그걸 알아? 강우수 주제에?

우수 (우와, 이게 더 화나요! 그래서 멱살을 잡을까 아니면 머리채를 잡을까 고민하고 있는데, 일랑이가 훗~ 하고 웃더니 주절주절 이야기를 늘어놨어요.)

일랑 그것보다 더 재미있는 게 뭔지 알아? 큰 메르센 소수*를 찾아내면 상금을 받을 수 있다는 거야. 그것도 1억 원이 넘는 돈을!

우수 (이거, 나를 무시해도 너무 무시하네요. 아무려면 소수 하나 찾아냈다고 상금을 준다는 게 말이 되겠어요? 그것도 1억 원이 넘는 돈을 말이에요! 만약 그런 게 있다면, 수학자들은 어지간히도 할 일이 없는 사람들인가 보죠? 일랑이는 어이없어 하는 내 표정을 보고 피식 웃더니 말했어요.)

일랑 잘 들어 봐. 전자프론티어재단이라는 곳이 있어. EFF(Electronic

* **메르센 소수**(Mersenne Prime)

2의 거듭제곱에서 1을 뺀 수를 '메르센 수(Mersenne Number)'라고 하는데, 그 수가 소수일 때 '메르센 소수'라고 한다. 첫 번째 메르센 소수부터 나열하면 3, 7, 31, 127, 8191, 131071… 로, 메르센 소수가 무한히 존재하는지는 아직 알려지지 않았다.

Frontier Foundation)라고 하는 곳인데, 거기서 천만 자릿수의 메르센 소수를 찾으면 10만 달러를 주겠다고 했었지.

우수 (와, 갑자기 영어까지 나왔어요. 일랑이가 성격이 좀 모나서 그렇지, 이럴 때 보면 참 똑똑하긴 해요. 그런데 나는 의문이 들었어요.)

우수 천만 자리면 생각보다 작은데? (일랑이는 한숨을 쉬더니 혀까지 쯧쯧 찼어요.)

일랑 천만 단위가 아니라, 자릿수가 천만이라고. 그냥 천만은 여덟 자리잖아. 자릿수가 천만이라는 건 숫자 천만 개를 이어서 써야 나오는 단위를 말하는 거야, 이 바보야.

우수 (바보라는 말에 화가 나긴 했지만, 일랑이의 말에 너무 놀라서 화도 못 냈어요. 우와, 자릿수가 천만이라니! 얼마나 큰 수일까요? 그걸 인간이 찾을 수 있을까요?)

일랑 그런데 2008년 8월 23일에 UCLA의 연구원들이 약 1300만 자리의 메르센 소수를 발견했어. 그래서 10만 달러를 받았지. 그리고 단 2주 만에 독일의 연구팀이 그보다는 좀 작지만 역시 천만 자릿수가 넘는 메르센 소수를 찾아냈지. 하지만 이미 상금은 앞의 연구원들이 받은 후였어.

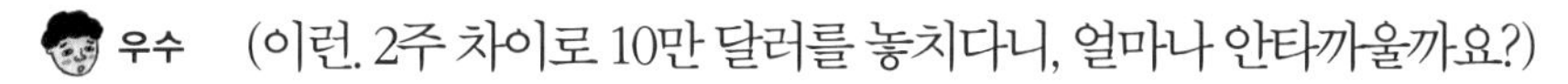

우수 (이런. 2주 차이로 10만 달러를 놓치다니, 얼마나 안타까울까요?)

일랑 10만 달러를 받은 연구원들이 찾은 1300만 자릿수의 메르센 소수를 손으로 직접 쓰려면 약 12주가 걸린대. 죽 늘어서 쓰면 그 길이가 44km에 이른다는군. 얼마나 큰 수인지 이해가 가냐?

우수 (정말 까무러칠 정도로 어마어마한 수네요.)

일랑 그런데 EFF에서 이번에는 1억 자리 메르센 소수에 15만 달러, 10억 자리 메르센 소수에 25만 달러를 걸었대. 이 두 개만 찾아도 40만 달러나 벌 수 있는 거야!

우수 (오, 신기하고도 재미있는 이야기네요. 나도 모르게 넋을 놓고 들었어요. 그런데 일랑이는 마지막에 한마디 덧붙이는 걸 잊지 않았죠.)

일랑 그러니까 너도 책 좀 읽어라. 책에 다 나와 있는 거야, 이 바보야.

우수의 반격 조국을 구한 수학자

네, 저는 일랑이의 말을 듣기로 했어요. 그래서 집에 가자마자 지난 방학 때 아빠가 사 준, 수학과 수학자들 이야기가 있는 책을 뒤적거렸지요. 복수를 해 주고 싶었거든요! 그러다가 재미있는 이야기를 발견했어요. 그래서 다음 날 쉬는 시간이 되자마자 일랑이에게 말했지요.

우수 너 혹시, 수학만 잘해도 나라를 구한 영웅이 될 수 있다는 거 아냐? (일랑이는 뭔 뚱딴지같은 소리냐는 얼굴로 저를 힐끔 쳐다보더니, 입김을 하아~ 하고 불어서 안경을 닦았어요. 마치 제 얘기는 들리지도 않는 것처럼!)

우수 그래, 모르겠지. 너처럼 책 안 읽고 공부만 하는 애는 모를 거야. (말을 하다 보니 일랑이가 참 대단하긴 하네요. 공부를 참 열심히 하니까요. 그런데 일랑이는 그 말이 기분 나빴나 봐요.)

일랑 내가 책을 안 읽는다고? 어디 무슨 말인지 들어나 보자.

우수 (훗, 걸려들었어요.) 때는 1940년, 제2차 세계대전이 한창일 때였지. 영국과 독일은 서로 치고받는 중이었어. 영국은 전쟁에 필요한 여러 가지 물자와 식량을 배로 나르고 있었는데, 독일의 잠수함이 중간에 계속 방해를 하는 거야. 그래서 제대로 조달이 되지 않았어. 이때 영국군이 생각해 낸 게 독일 잠수정의 잠복 위치를 미리 알아내는 거였어. 그러려면 암호를 해독해야 하는데, 이게 여간 어려운 게 아니었지. (처음에는 '어디 들어나 보자'던 일랑이가 슬슬 제 얘기에 빠져드는 것 같았어요.)

우수 그때 독일군은 '에니그마'라는 기계로 암호를 만들고 있었어. 이 기계는 알파벳을 암호로 바꾸는데, 자그마치 1조의 1만 배… 그러니까 1경 가지나 되는 종류로 만들 수 있는 기계였지. 만약 하나를 확인하는 데 1분씩만 걸린다 쳐도 약 190억 년이나 걸리는 거야. 지구가 생긴 게 46억 년 정도 됐다니까, 어마어마한 시간이지. (일랑이는 조금 놀란 눈치였어요. '어떻게 이런 걸 다 알지?'라는 표정 같았거든요. 어제 책 보고 외운 건데…….)

우수 이때 영국의 수학자인 앨런 튜링*이라는 사람이 에니그마를 해독해 냈어! 덕분에 독일 잠수함이 잠복한 곳을 미리 알아낸 영국군은 그때부터 무사히 식량과 물자를 조달할 수 있었고, 결국 전쟁에서도 승리했지. 튜링이 암호를 해독할 수 있었던 건 수학자였기에 가능했다고 해. 그러니 수학으로 나라를 구한 영웅이라고 할 수 있지. (은근히 감동한 것 같은데도 일랑이는 티를 안 내려고 했어요. 감동받은 게 티가 나면 저한테 지는 거라고 생각했나 봐요. 그래서 저는 쐐기를 박기로 했죠.)

우수 이 앨런 튜링이라는 사람이 얼마나 대단한 사람이냐면, 컴퓨터를 처음으로 구상해 낸 사람이래. '컴퓨터의 아버지'라고도 하지. 백설공주처럼 독극물이 든 사과를 먹고 자살한 것으로도 유명해. 안타까운 일이지. (일랑이는 넋을 놓고 고개를 끄덕였어요. 바로 이때가 복수를 할 타이밍이죠.)

우수 야, 그러니까 너도 책 좀 읽어라. 다 책에 나오는 얘기야. 허구한 날 공부만 하느라 책을 안 읽으니 이런 것도 모르지. 너 그러다 바보 된다. 쯧쯧.

내가 혀까지 끌끌 찼더니 일랑이는 약이 바싹 올랐는지, 도망가는 저를 계속해서 쫓아왔답니다. 수업 시작종이 울리지 않았더라면 아마 끝까지 쫓아왔겠죠. 아무튼 저는 또 이렇게 복수에 성공했답니다.

앨런 튜링(Alan Mathison Turing, 1912~1954)

영국의 수학자. 최초의 컴퓨터로 알려진 에니악보다 2년 앞서 '콜로서스*(Colossus)'를 개발해 '컴퓨터 과학의 아버지'라고 불린다. 또한 오늘날 사용하고 있는 계산기의 모델이 된 '튜링 머신(Turing Machine)'을 고안하였다. 2012년, 튜링의 탄생 100주년을 기리는 행사가 세계 각지에서 열렸다.

* **콜로서스(Colossus) :** 1946년 미국 펜실베이니아대학에서 만들어져 한동안 세계 최초의 컴퓨터로 알려져 있던 에니악(ENIAC)보다 2년 빠른 1944년에 개발되었다. 앨런 튜링이 고안하고 토미 플라워스(Tommy Flowers, 1905 ~ 1998)가 설계했다.

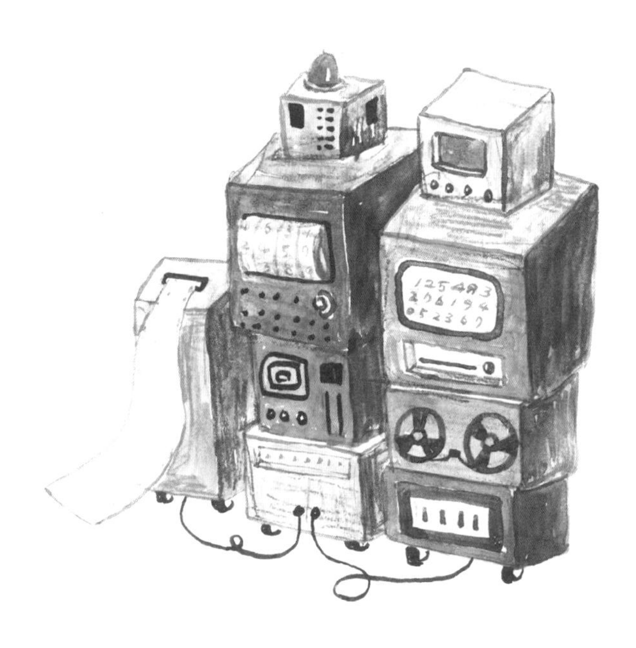

03
편리한 수

지구의 둘레와 1미터

여러분, 집에 축구공을 가지고 있나요? 우리 집에는 두 개나 있답니다. 그런데 어느 날 TV에서 축구공 둘레는 68~70cm라고 하는 거예요. 그래서 서랍 구석에 숨어 있던 줄자를 꺼내 집에 있는 공들의 둘레를 재봤죠. 하나는 68cm, 다른 하나는 69cm가 나왔어요. 그래서 더 큰 공을 형, 작은 공을 동생이라고 부르고 있답니다.

지구의 둘레는 얼마나 될까요

축구공은 이렇게 줄자를 이용해서 길이를 쟀는데, 더 큰 건 잴 수가 없더라고요. 예를 들어 지구의 둘레가 궁금하다면 어떻게 해야 할까요? 지구를 두를 수 있을 만큼 긴 줄자를 만들어야 하는 걸까요? 다행히 그렇게 긴 줄자가 없어도, 선생님은 지구의 둘레를 알고 있답니다. 여러분도 궁금한가요?

놀라지 말아요. 지구 둘레는 자그마치 4만

km나 된답니다. 4만km라면 어느 정도나 되는 거리일까요? 쉽게 감이 잡히지 않을 거예요. 참고로 서울에서 부산까지 직선으로 거리를 재면 약 350km 정도라고 해요. 그러니까 지구의 둘레는 서울에서 부산까지 거리의 100배를 훌쩍 넘는답니다.

적도
자전축과 수직으로 지구의 중심을 지나도록 자른 면과 지표면과의 교선(둘 이상의 도형이 교차할 때 생기는 선)을 뜻한다. 남극과 북극으로부터 같은 거리에 있는 지구 표면의 점들을 연결한 선이 된다.

아, 그런데 한 가지 재미있는 사실이 있어요. 정확히 따지자면 지구의 둘레를 미터로 잰 게 아니라, 반대로 지구의 둘레를 이용해 미터 단위를 만들어 냈다는 거예요. 무슨 뜻인지 잘 모르겠다고요? 지금부터 미터 단위를 누가, 언제, 어디서, 어떻게, 왜 만들었는지를 설명해 줄게요. 아래 설명을 보면 이해가 갈 거예요.

약 200여 년 전까지만 해도 사람의 몸을 기준으로 길이를 표시한 나라가 많았는데, 사람마다 키가 다르잖아요? 팔다리 길이도 다르고요. 그래서 길이가 정확하지도 않았고, 나라마다 차이가 있어서 불편한 점이 많았죠.

1790년, 이런 불편함을 해소하기 위해 프랑스에서는 하나의 통일된 길이 단위를 만들기로 결정했어요. 그때 기준으로 삼은 것이 바로 지구의 둘레였죠. 세상 어느 나라든 다 지구에 있으니 지구의 둘레를 기준으로 삼으면 모든 사람들이 같은 단위를 사용할 수 있겠지요? 사람들은 북극에서 적도*까지의 둘레를 1천만으로 나눈 길이를 1m로 정했어요. 그 값에 1천을 곱해서 1km라는 단위가 나온 거죠. 현재는 1m를 '빛이 진공 중에서 2억 9979만 2458분의 1초 동안 이동한 거리'로 정의하고 있어요.

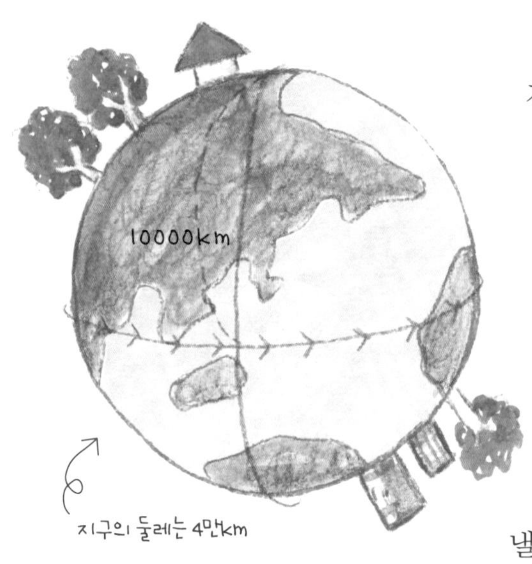

지구의 둘레는 4만km

자, 여기서 질문! 북극부터 적도까지의 거리가 1만km라면, 지구 전체의 둘레는 얼마가 될까요? 음, 너무 쉬운가요?

그래요, 답은 4만km랍니다(앞에서 이미 말해 줬잖아요).

이렇게 길이를 미터 단위로 표시하는 것을 미터법이라고 하는데, 10을 기준으로 나타낼 수 있어서 편리하죠. 무슨 말이냐면, 미터법에서는 앞에 붙는 말을 바꾸면 길이가 10의 거듭제곱*만큼 달라진다는 뜻이에요. 예를 들어 미터 앞에 '킬로'를 붙이면 1000미터가 되고, '밀리'를 붙이면 1000분의 1미터가 되는 거죠. '센티'미터는 100분의 1미터가 됩니다.

거듭제곱

같은 수나 식을 거듭 곱하는 일 또는 그렇게 하여 얻어진 수를 '거듭제곱'이라고 한다. 두 번 곱한 것을 제곱이라 하고, 곱하는 횟수를 늘림에 따라 세제곱, 네제곱…으로 표현한다.

현재 미국을 제외한 모든 나라가 미터법을 사용하고 있어요. 그러니까 일본이나 중국, 러시아에 가도 길이 단위 때문에 걱정할 필요는 없어요. 우리 모두 미터법을 만든 사람들에게 고마워하자고요.

미터법 이전에 쓰이던 단위들

- 인치(inch) : 성인 남성의 엄지손가락의 폭. 1인치는 약 2.54㎝
- 피트(단수 foot, 복수 feet) : 성인 남성의 발 길이. 1피트는 약 30.4㎝
- 큐빗(cubit) : 팔을 벌렸을 때 팔꿈치에서 가운뎃손가락까지의 길이. 1큐빗은 약 43~53㎝
- 마일(mile) : 고대 로마 병사의 약 2000걸음에 해당하는 거리. 1마일은 약 1.61km

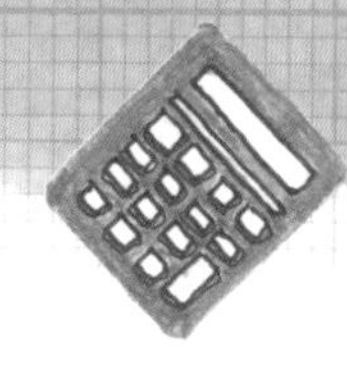

지구의 나이와 인류의 출현

앞에서 지구의 둘레에 대해 알아봤죠? 네, 그래요. 지구는 뭘 먹었는지 몰라도 참 어마어마하게 커요. 그런 지구가 몇 살이나 됐을지는 생각해 본 적 있나요?

과학자들이 밝혀낸 지구의 나이는 약 46억 살이에요. 이 지구에는 수많은 생명체가 살고 있다는 거, 다들 알고 있죠? 물론 인간도 그중 하나지요. 그렇다면 인간은 언제부터 지구에서 살았을까요? 과연 인간이 지구의 주인 행세를 해도 되는 걸까요?

티라노사우루스!
무섭게 생겼죠?

지구에 처음으로 생명체가 탄생한 것은 약 40억 년 전, 생물이 처음으로 생겨난 것은 약 22억 년 전이라고 합니다. 영화 〈쥬라기 공원〉으로 우리에게 익숙한 공룡은 약 2억 2800만 년 전에 탄생해서 약 6550만 년 전에 멸종했다고 해요. 공룡이 멸종한 것에 대해서는 여러 가지 학설이 있으니, 관심 있는 친구들은 한번 찾아보세요.

호모 사피엔스(Homo Sapiens)

인류를 구분하는 학명(學名) 중 하나로, 네안데르탈인과 현생 인류를 포함한다. '생각하는 사람' 또는 '지혜로운 사람'이라는 뜻.

지금 살고 있는 인간을 '호모 사피엔스*'라고 하는데, 약 20만 년 전에 지구에 태어났대요. 공룡이 멸종되고도 6천만 년이 넘게 지나서야 인류가 출현한 거죠. 그러니까 만화나 영화에서처럼 공룡과 인류가 같이 지구에 살았던 적은 단 한순간도 없었답니다.

그나저나 100년도 살기 힘든 우리에게 46억 살이니, 6천만 년이니 하는 시간은 너무 길어서 실감이 잘 안 날 수도 있겠네요. 그렇다면 우리가 평소에 많이 쓰는 시간 단위로 생각을 해 보자고요. 얼마가 좋을까요? 음… 그래요, 1년을 기준으로 해 봐요. 그러니까 지구가 생겨난 날짜를 1월 1일, 지금이 같은 해의 12월 31일 밤 11시 59분 59초에서 다음 해 1월 1일이 되는 순간이라고 생각해 보는 거죠. 그리고 아래 문제를 풀어 볼래요?

문제 1 : 지구가 1월 1일에 생겼다면, 공룡이 태어난 날과 죽은 날짜는 언제일까요?

문제 2 : 인류가 태어난 날짜와 시간은 어떻게 될까요?

어때요? 계산을 했나요? 좋아요, 답을 알려 줄게요.

지구가 1월 1일에 생겨났다면 공룡은 12월 13일에 태어나서 약 2주 뒤인 12월 26일에 죽은 것이 된답니다. 겨우 2주밖에 못 살았다니, 참 슬픈 일이죠? 그런데 인류는 1년의 마지막 날인 12월 31일,

그것도 밤 11시 37분에 태어난 것이라는 계산이 나와요. 그러니까 이렇게 계산해 보면 인류는 고작 23분 전에 태어난 거예요. 아직 눈도 못 뜬 신생아가 지구의 주인이라고 해서는 안 되겠죠? 그러니 항상 감사하는 마음으로, 지구에 해가 되는 행동은 하지 말아야 한답니다.

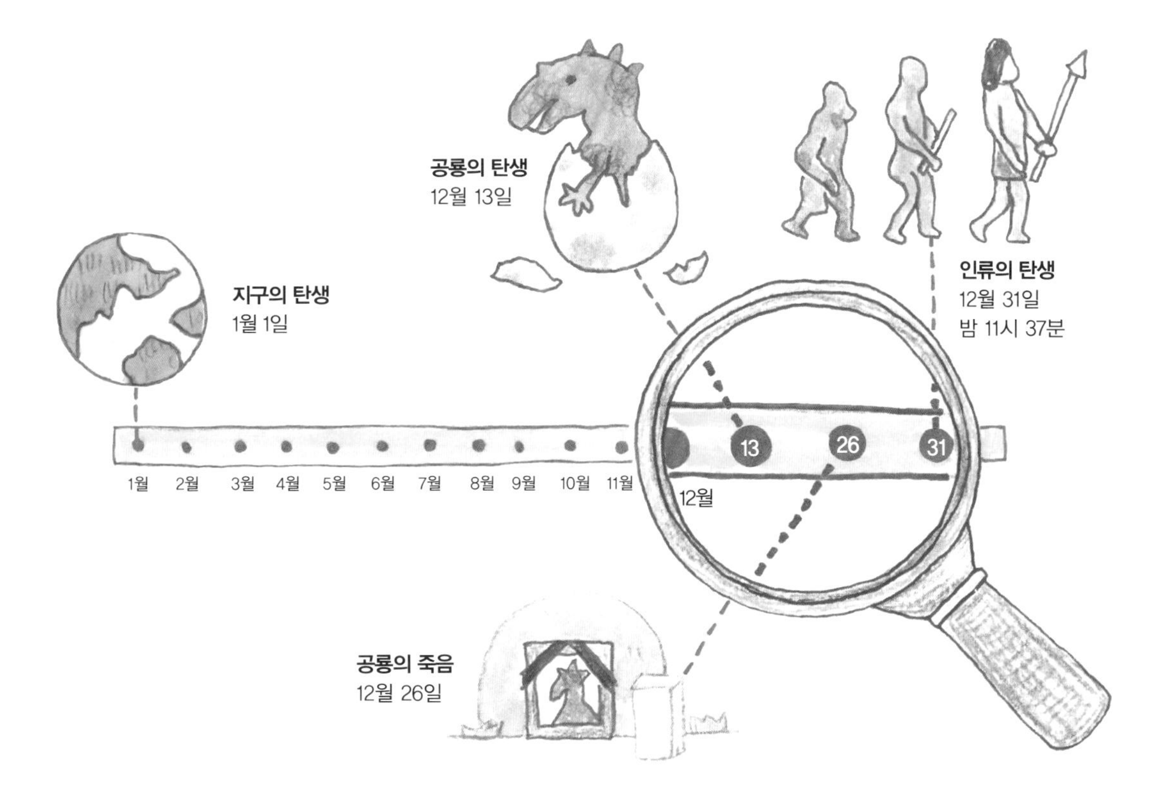

그런데 이 날짜는 과연 어떻게 계산했을까요? 바로 '비례식'을 이용해 간단하게 계산할 수 있답니다. 비례식이란, 하나의 수치를 다른 단위로 바꾸어 계산하는 것이에요. 이번 문제에서 인류의 탄생 날짜를 예로 들면, 아래와 같이 표시하고 계산할 수 있어요.

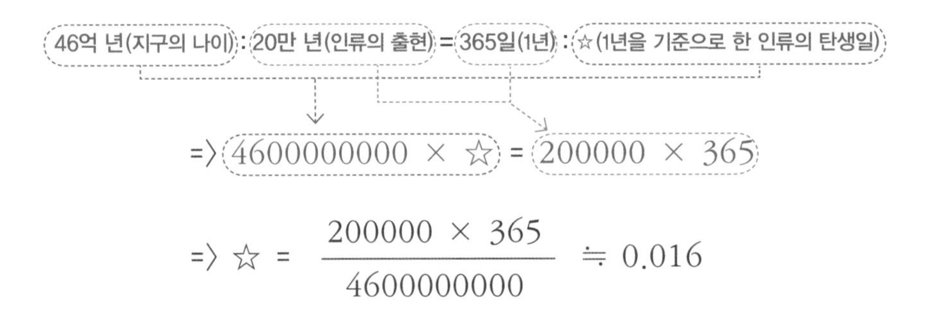

자, 여기서 ☆의 값인 0.016은 일(日) 단위죠? 그럼 0.016일은 시간으로 계산하면 얼마가 될까요? 1일이 24시간, 분으로 바꾸면 1440분이니까 계산하면 약 23분이 나와요. 즉, 지구의 나이 46억 년을 1년(365일)으로 생각하면 인류의 출현 시기는 약 23분 전이 된답니다.

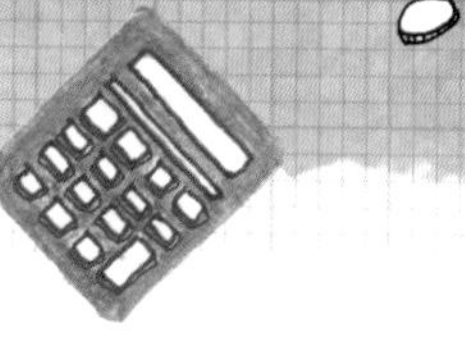

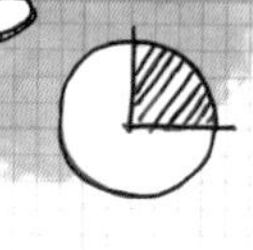

마라톤 선수의 빠르기

우리나라가 올림픽에서 처음으로 금메달을 딴 종목은 무엇일까요? 공식적으로는 1976년 몬트리올 올림픽에서 레슬링의 양정모 선수가 대한민국 최초의 올림픽 금메달을 딴 것으로 기록되어 있습니다. 하지만 그로부터 40년 전인 1936년 베를린 올림픽, 마라톤의 손기정 선수가 이미 금메달을 목에 걸었어요. 공식적으로 인정받지 못하는 이유는 당시가 일제 강점기였기 때문이지요. 손기정 선수는 태극기가 아닌 일장기를 달고, 한국 선수가 아닌 일본 선수로 출천할 수밖에 없었거든요. 그래서 공식적으로는 일본의 금메달로 기록되어 있답니다. 하지만 손기정 선수는 엄연히 대한민국 국민이었고, 엄밀히 따지자면 대한민국 최초의 올림픽 금메달리스트인 거예요.

▲ 마라톤

아테네에서 열린 제1회 올림픽 때부터 정식

한 걸음 앞서 가기

마라톤 거리는 어떻게 잴까?

마라톤의 거리를 측정할 때는 '자전거 회전 측정법(Calibrated Bicycle Method)'을 주로 이용한다. 자전거 회전 측정법이란, 앞바퀴에 '존스카운터'라는 측정 기계를 단 자전거를 타고 바퀴의 회전수로 거리를 재는 방법이다.

종목으로 채택된 마라톤은 '올림픽의 꽃'이라는 별명이 붙어 있을 정도로 올림픽에서 가장 주목받는 종목 중의 하나이지요. 100m만 뛰어도 헉헉거리는 선생님은 42.195km를 달리는 마라톤 선수들이 신기하기만 하답니다.

사실 마라톤이 처음 생겨났을 때는 달리는 거리가 42.195km가 아니었어요. 처음에는 약 40km 정도로 일정치 않았지요. 처음으로 42.195km를 달린 것은 영국에서 열린 1908년 제4회 런던 올림픽이었어요. 당시 영국 왕실에서 마라톤의 출발 장면을 보고 싶다는 요청에 따라 거리를 늘려 지금처럼 42.195km를 달리게 됐다고 해요. 그리고 1924년 파리 올림픽을 앞두고 마라톤 거리를 일정하게 통일해야 한다는 의견이 나오면서, 1908년 런던 올림픽에서 사용된 42.195km를 정식 거리로 채택한 거죠.

마라톤의 유래는 고대 그리스 시대로 거슬러 올라갑니다. 여러 도시국가로 이루어졌던 고대의 그리스에서 아테네와 다른 도시가 전쟁을 하게 되었어요. 고전 끝에 아테네가 승리했고, 장군은 발이 가장 빠른 병사를 시켜 이 기쁜 소식을 시민들에게 알리려고 했죠. 명령을 받은 병사는 잠시도 쉬지 않고 달려 아테네에 도착했고, 승리의 소식을 전하자마자 너무 힘이 든 나머지 숨을 거두고 말았어요. 그 병사를 기리고자 만든 경기가 바로 마라톤입니다. 여기에도 여러 가지 설이 있긴 하지만 일반적으로는 그렇게 알려져 있답니다.

마라톤 세계 기록을 보면 2시간 10분도 채 되지 않아 완주를 합니다. 이는 시속 20km에 가까운 속도로, 자전거를 타고 달릴 때와 비슷한 빠르기예요. 100m를 약 18.5초에 달리는 것과 같죠.

$$\frac{42.195\text{km}}{2\text{시간 }10\text{분}} = \frac{42195\text{m}}{7800\text{초}} \fallingdotseq \frac{100\text{m}}{18.5\text{초}}$$

이 책을 보고 있는 여러분 중에도 100m를 18.5초 안에 달릴 수 있는 친구가 있을 거예요. 하지만 42195m를 계속 이런 속도로 달린다는 것은 정말 놀라운 일이지요.

아라비아 숫자와 0의 탄생

일랑이의 공격 아라비아 숫자는 아라비아 태생이 아니라고?

오늘 학교에서 수학 시험을 봤어요. 열심히 문제를 풀었지만, 점수가 잘 나올 것 같지는 않아요. 시험이 끝나고 나니 한숨이 저절로 나오더라고요.

우수 난 아라비아 사람이 세상에서 두 번째로 싫어.

나도 모르게 이런 말이 나왔지 뭐예요. 그러자 옆에 앉아서 '이번에도 다 맞은 것 같은데?'라며 잘난 척을 하던 일랑이가 나를 힐끔 쳐다봤어요. 그러다가 나랑 눈이 마주치니까 이렇게 묻더라고요.

일랑 두 번째? 그럼 제일 싫은 건 누군데?

우수 당연히 너지! 네가 제일 싫고, 그다음이 아라비아 사람들이야! (일랑이는 나를 흘겨보더니, 뭐 그리 궁금한 게 많은 건지 또 물어봤어요.)

일랑 내가 왜 싫은지는 안 물어볼게. 그런데 아라비아 사람들은 왜 싫어하냐?

우수 생각해 봐! 수(數)가 없었으면 수학(數學)이 있었겠어? 수가 있으니까 수학도 있는 거고, 그런 수를 만들어 낸 게 아라비아 사람들이잖아! (일랑이는 어이없다는 듯이 웃었어요. 아무리 봐도 비웃는 표정이어서 슬그머니 기분이 상했죠. 그런데 이어지는 말을 듣고는 제가 더 어이없었어요.)

일랑 이 바보야. 아라비아 숫자라고 해서 아라비아 사람들이 만든 건줄 아냐? 아라비아 숫자는 인도에서 태어났어!

우수 (나는 발끈할 수밖에 없었어요. 세상에, 내가 진짜 바보인 줄 아나 봐요. Made in Korea면 한국산이지 중국산일 수는 없는 것처럼, '아라비아 숫자'면 아라비아산이지 어떻게 인도산일 수가 있어요?)

일랑 너 지금 '아라비아 숫자'니까 '메이드 인 아라비아(Made in

Arabia)'라고 생각했지?

우수 (우와, 천재다! 내 생각을 읽었어요! 내가 놀라고 있는데, 일랑이는 묻지도 않은 걸 설명하기 시작했어요.)

일랑 아라비아 숫자는 원래 인도에서 만들어졌어. 그런데 이 숫자를 아라비아 사람들이 유럽에 알렸고, 유럽 사람들은 이걸 아라비아 숫자라고 불렀지.

우수 (난 일랑이의 말이 진심인지 아니면 나를 놀리려고 거짓말을 하는 건지 알 수가 없었어요. 내가 의심쩍게 쳐다보고 있으려니, 일랑이는 한숨을 쉬더니 말했어요.)

일랑 북아메리카 원주민을 '인디언(Indian)'이라고 하지? 그럼 그 사람들이 진짜 인도 사람이냐? 유럽 사람들이 신대륙을 인도로 착각해서 그렇게 부른 거잖아. 그거랑 비슷한 거야. 인도 숫자인데, 유럽 사람들은 아라비아 사람들을 통해서 알게 됐으니 아라비아 숫자라고 부른 거지.

우수 (아, 듣고 보니 그래요. 이해가 되네요.)

일랑 그리고 아라비아 숫자가 없었으면 우린 더 불편했을 거야. 수학은 아라비아 숫자가 생기기 전에도 있었거든. 아라비아 숫자 이전에 쓰던 로마 숫자로 867을 어떻게 쓰는지 알아?

우수 (일랑이는 내가 대답할 틈도 주지 않고, 공책에 뭔가를 쓰면서 자기 질문에 자기가 대답했어요.)

일랑 로마 숫자에서 D는 500, C는 100이야. 큰 수를 먼저 써서 DCCC라고 쓰면 800이 되지. L은 50, X가 10이니까, LX는 60이고. Ⅶ가 7이지. 그러니까 로마 숫자로 867은…….

공책에는 이렇게 써 있었어요.

DCCCLXⅦ

일랑 수학 문제를 푸는데 이런 숫자가 가득하다고 생각해 봐. 너 같은 애들은 1번 문제 푸느라 시간 다 지날걸?

우수 (일랑이 말이 맞긴 맞아요. 백 단위에서도 저렇게 긴 숫자를 써야 한다는데 만 단위까지 올라가면 얼마나 길어질까요? 아마 계산하기도 전에 이게 과연 몇이라는 건지 생각하다가 시간이 다 갈 거예요. 그런데 그 숫자로 덧셈뺄셈에 곱셈까지 해야 한다면? 어휴, 상상만 해도 머리가 아파요.)

일랑 자, 정리해 보자. 아라비아 숫자를 만든 사람은 인도 사람들이고, 그 사람들을 미워할 게 아니라 우리 생활을 더 편하게 해줬으니 오히려 고마워해야지. 안 그래, 이 바보야?

우수 (와, 듣고 보니 다 맞는 말이네요. 마지막에 저한테 바보라고 한 것만 빼고요.)

우수의 반격 0이라는 숫자

일랑이 덕분에 아무 잘못도 없는 아라비아 사람들과 인도 사람들을 미워하지 않게 됐지만, 그래도 바보 소리를 듣고 그냥 넘어갈 수는 없었어요. 그래서 집에 있는 책을 펼쳤어요. 거기서 아주 재미있는 걸 발견했죠. 다음 날 쉬는 시간이 됐을 때, 일랑이에게 물었어요.

우수 너 아라비아 숫자가 몇 개인지 알아? (일랑이는 졸린 눈으로 나를 보면서 코를 후볐어요. 와, 더러워!)

우수 모르냐?

일랑 내가 너냐? 그걸 모르게. 당연히 10개지.

우수 (아, 이런. 안 속았네요. 네, 0부터 9까지 총 10개죠.) 그럼 그중에서 가장 먼저 생긴 숫자는 뭘까?

일랑 야, 같은 숫자인데 먼저 생기고 말고가 어디 있어? 같이 만들어졌겠지.

우수 (걸렸다! 역시 일랑이도 모르는 게 있었어요!) 아니야. 0은 나중에 만들어졌어. 정확히 언제 생겨났는지는 학자들마다 의견이 다른데, 그래도 인도의 수학자이자 천문학자인 아리아바타

(Āryabhātā)가 최초로 0을 체계적으로 사용한 사람이라고 알려져 있어. (일랑이는 어제 제가 그랬던 것처럼 의심쩍은 눈으로 나를 쳐다봤어요. 와, 이거 직접 당해 보니까 기분이 나쁘네요.)

우수 자, 그럼 여기서 질문을 하나 해 볼까? 너 21세기가 언제부터인지 알아? (일랑이는 나를 무섭게 노려봤어요. 하지만 나는 겁먹거나 하지 않았어요. 정말로!)

일랑 나를 무시하는 거야? 당연히 서기 2000년도지!

우수 (훗, 혹시나 했는데 역시나 내 일랑이도 이건 몰랐나 봐요.) 아니야, 21세기는 서기 2001년도부터야.

우수 (일랑이가 뭔가 따지려고 했는데, 쉬는 시간이 얼마 남지 않아서 그냥 말을 끊고 설명했어요.) 그럼 생각해 봐. 1세기는 언제부터였을까?

일랑 그야 서기 1년도부터겠지.

우수 맞아. 그럼 2세기는? 당연히 서기 101년도부터겠지? 100년마다 세기가 바뀌는 거니까. 그렇게 죽 계산을 해보면 20세기는 서기 1901년부터 2000년까지가 돼.

일랑 어? 잠깐. 이상하네. 분명 2000년도부터 21세기라고 했는데…….

일랑이는 쉬는 시간이 다 가는 줄도 모르고 종이를 꺼내서 1세기부터 계산을 했답니다. 그리고 제 말이 옳다는 걸 알게 됐죠.

1999년 12월 31일에 세계 각지에서 '새로운 밀레니엄*을 맞는 파티'가 열렸다고 하던데, 그랬다면 1년 일찍 파티를 한 게 되겠죠? 하지만 타임머신을 타고 2999년 12월 31일로 가 본다면, 그때도 역시 새로운 밀레니엄을 맞는 파티를 열고 있지 않을까요?

* **밀레니엄**(Millennium)

연도를 1000년 단위로 끊은 것을 말한다. 정확히는 기원후 1년부터 1000년까지가 첫 번째 밀레니엄이고, 1001년부터 2000년까지가 두 번째 밀레니엄이다.

04
어마어마한 수

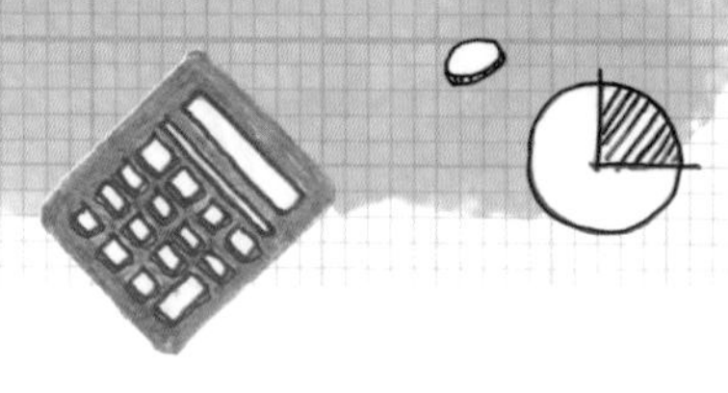

우리의 조상은 몇 명?

여러분은 명절이면 시골에 내려가나요? 아마 큰집에 가는 친구도 있을 거고, 그냥 집에서 가족들끼리 보내는 친구도 있을 거예요. 선생님은 올해 구정에 시골집에 내려갔는데, 오랜만에 친척들이 모두 모여 왁자지껄 즐거운 시간을 보냈답니다. 시골집이 넓어서 다행이지, 우리 집이었으면 친척들이 너무 많아서 아마 미어터졌을 거예요.

보통은 명절 때면 친척들이 많이 모이죠? 그럼 이런 생각 안 해 봤나요? 할아버지, 할머니께도 할아버지와 할머니가 있었을 거라는 생각이요. 물론 그 위로도 또 할머니, 할아버지가 있었을 거고요.

선생님은 어렸을 때 너무 궁금해서 계산을 해 본 적이 있답니다. 너무 많이 거슬러 올라가면 머리가 아프니까, 딱 10대만 거슬러 올라가 '내 조상이 몇 명이나 있었을까?' 계산을 해 봤죠. 그랬더니 정말 어마어마한 결과가 나오더라고요!

우선 나의 바로 위로는 어머니와 아버지, 2명이 있겠죠? 한 번 더 올라가면 할머니, 할아버지, 외할머니, 외할아버지가 있을 거고요. 네 분 모두 아버지와 어머니가 있었을 테니까, 한 번 더 올라가면, 그러니까 3대를 거슬러 올라가면 총 8명이 됩니다. 이렇게 계산을 해 보면 아래와 같은 결과가 나와요.

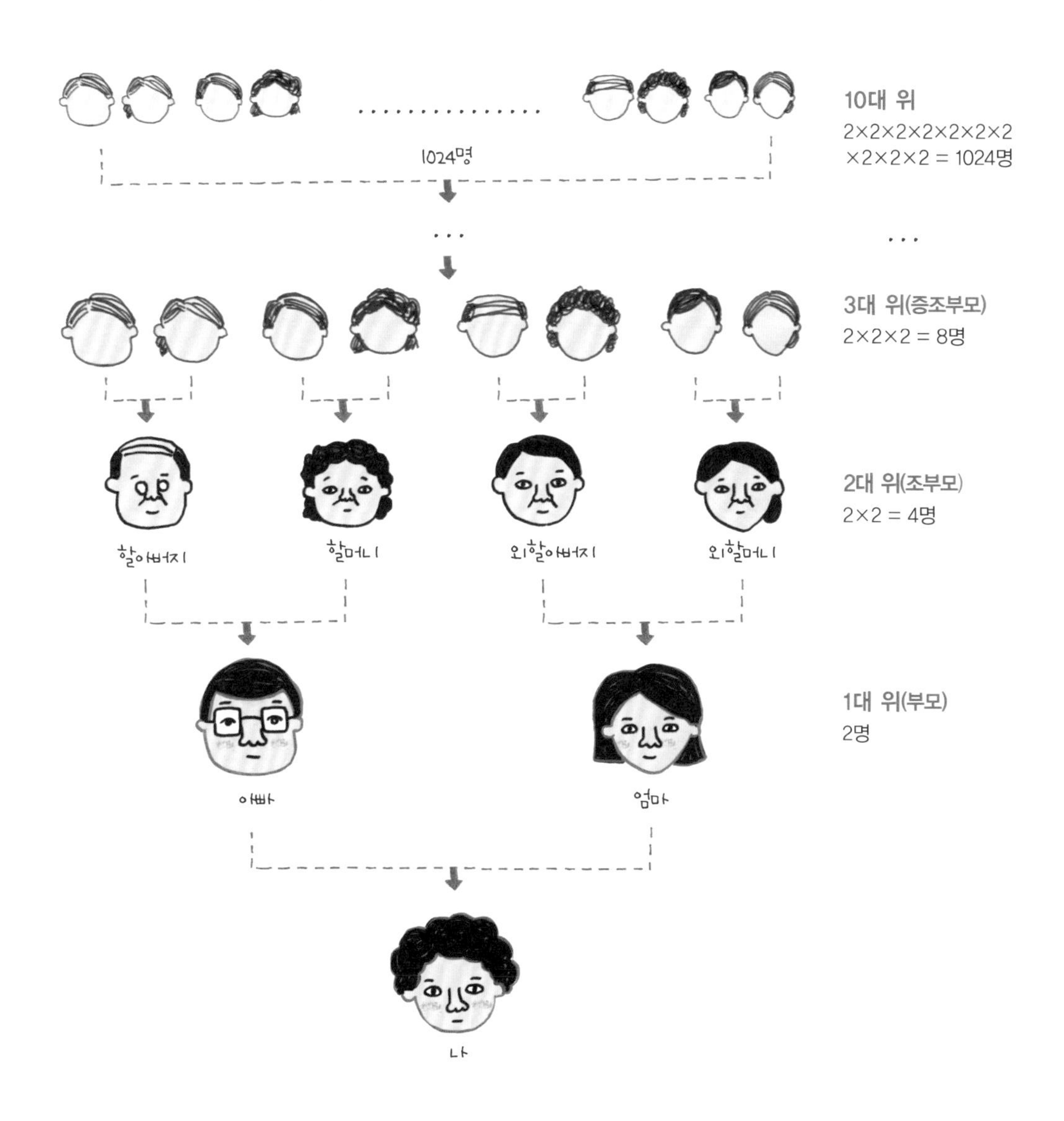

이렇게 10번 거슬러 올라가면 2를 10번 곱한 1024명이 돼요. 그럼 혹시 30대 위는 몇 명이 될까요? 당연히 2를 30번 곱하면 되는데, 그 수는 무려 10억이 넘어요! 우와, 나의 30대 위 조상만 해도 10억 명이 넘는다니… 믿을 수 있나요? 그럼 지구에 있는 70억 명이 전부 다 10억 명씩의 조상이 있다면, 30대 전(25세에 아이를 낳았다고 하면 750년 전쯤 되겠죠?)에 지구에 얼마나 많은 사람이 살았다는 걸까요? 70억의 10억 배… 어휴, 계산도 안 되네요.

그런데 750년 전의 인구가 지금보다 훨씬 적었다는 것쯤은 모두들 알고 있을 거예요. 그렇다면 위의 계산에서 뭔가 잘못된 게 있는 거겠죠?

여기에는 나와 다른 사람의 조상이 겹치는 걸 계산하지 않았다는 함정이 있어요. 무슨 얘기냐고요? 만약 형제가 있다면, 여러분의 부모님은 형제의 부모님이기도 하겠죠? 그리고 여러분의 할아버지와 할머니는 아버지의 부모가, 외할아버지와 외할머니는 어머니의 부모가 되는 거잖아요. 이런 식으로 여러 번 계산되는 경우가 많기 때문에 750년 전의 진짜 인구와 앞에서의 계산은 엄청난 차이를 보이게 된답니다.

위로 올라갈수록 어마어마하네

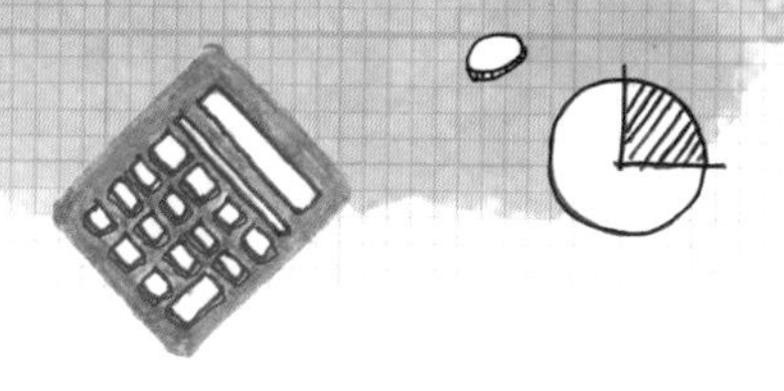

종이를 접어서 백두산까지

혹시 이 책을 보고 있는 친구들 중 반장을 해 본 친구가 있나요? 반장을 해 본 적이 없어도 반장 선거는 해 봤겠죠? 선거를 할 때는 투표용지를 두세 번 접어서 내죠.

그런데 어떤 친구들은 억지로 네 번, 다섯 번을 접어서 내기도 해요. 선생님도 그렇게 해 본 적이 있는데, 종이가 작아서 여섯 번 이상은 접기 힘들더라고요. 그럼 종이가 크다면 더 여러 번 접을 수 있을까요? 여섯 번은 넘게 접을 수 있겠지만, 사실 종이가 아무리 커도 계속해서 접기는 힘들어요. 왜냐하면 종이를 한 번 접을 때마다 두께가 두 배로 두꺼워지기 때문이에요. 3번만 접어도 처음 두께의 8배가 되니까요. 두꺼운 종이일수록 접기가 당연히 힘들겠죠?

몇 번이나 접을 수 있는지 궁금하다면 여러분도 직접 종이를 접어 보세요.

한 걸음 앞서 가기

종이를 몇 번까지 접을 수 있을까?

사람들 사이에서는 '종이는 8번까지만 접을 수 있다'는 속설이 있었다. 하지만 2002년, 미국에서 브리트니 걸리번(Britney Gallivan)이라는 여성이 두루마리 휴지를 12번 접는 데 성공했다. 그때 사용한 두루마리 휴지의 길이가 1200m에 이른다고 한다.

3번 접었을 때의 두께
= 원래 두께 × 2 × 2 × 2
= 원래 두께 × 8

그렇다면 종이를 20번, 30번… 계속해서 접으면 얼마나 두꺼워질까요? 궁금하지 않나요?

주변에서 흔히 볼 수 있는 A4 용지의 두께로 우리 한번 계산을 해 봐요. A4용지의 두께는 약 0.08mm인데, 계산하기 편하게 반올림을 해서 0.1mm로 해 볼게요.

좀 전에 설명한 것처럼 종이를 1번 더 접을 때마다 두께는 2배가 돼요. 그러니까 처음 종이 두께에 2를 10번 곱하면 10번 접었을 때의 두께가 되지요. 2를 계속 곱해 나가다 보면 25번째에 33554432가 돼요. 즉, A4용지를 25번 접었을 때의 두께는 3355443.2mm가 되지요(33554432×0.1mm). 1000mm가 1m라는 건 다들 알고 있겠죠? 그러니 3355443.2mm는 3355.4432m가 돼요. 소수점 첫째 자리에서 반올림하면 3355m겠죠?

한 걸음 앞서 가기

A4 용지의 두께

용지를 만드는 회사에 따라 조금씩 차이는 있겠지만, 보통 A4 용지의 두께는 약 80㎛(마이크로미터)이다. 1㎛는 1백만 분의 1m, 즉 0.001㎜이다. 따라서 A4용지 1장의 두께는 약 0.08㎜가 된다(0.001×80).

참고로 남한에서 가장 높은 산은 한라산이고 한반도에서 가장 높은 산은 백두산인데, 그 높이가 각각 1950m와 2750m가량 된답니다. 그러니까 흔히 볼 수 있는 A4 용지를 바닥에 놓고 25번만 접으면 그 높이가 한국에 있는 어떤 산보다 도 더 높아지는 거죠. 여기서 2번만 더 접으면 두께는 4배가 되니까 약 13420m가 되겠죠? 에베레스트 산*이 8848m니까, 종이를 27번만 접으면 우리는 세상에서 가장 높은 산보다 더 높은 종이 산을 만들 수 있는 거예요.

에베레스트(Everest) 산
네팔과 티베트 사이에 있는 '히말라야 산맥' 중 가장 높은 산. 지구 표면에서 가장 높이 오른 산이다. 만약 해저(海低)에서부터 높이를 따진다면 하와이 섬의 마우나케아(Mauna Kea) 산이 가장 높은 산이 된다. 마우나케아 산은 지표에서 4205m 솟아 있지만, 해저부터 잰다면 10203m라고 한다.

조금만 더 계산해 볼까요? 북극에서 남극까지의 거리는 얼마나 될까요? 아마도 지구의 지름과 같겠죠? 학자들이 측정한 바로는 지구의 지름은 약 12756.274km라고 해요. 미터로 바꾸면 12756274m겠죠? 종이를 27번 접었을 때의 1천 배가 조금 안 되네요. 앞에서 2를 10번 곱하면 1024가 된다고 했죠? 그러니 종이를 37번만 접는다면 그 두께는 지구보다도 더 두꺼워진답니다.

월급 받기

요즘 일자리 찾기가 어렵다고 하죠? 그런데 어떤 사람이 열심히 공부하고 여러 회사에서 면접을 봐서 그중 A와 B라는 두 회사에 합격했어요. A회사는 월급이 한 달에 100만 원이고, B회사는 첫 달 월급이 1만 원인 대신 다음 달에는 그 2배인 2만 원, 그다음 달에는 또 전달 월급의 2배인 4만 원을 주겠다고 했어요. 달마다 그 전달 월급의 2배를 받는 거죠. 1년 후에는 다시 1만 원부터 시작하는 거고요.

회사에서 월급을 받았어요

여러분이라면 어느 회사에 가고 싶어요? 제 친구에게 물어봤더니 당연히 월급 100만 원을 주는 곳에 가야 한다고 하는데, 선생님 생각은 달라요. 왜 그런지는 73쪽의 표를 보면서 설명해 줄게요.

두 회사에서 1년간 받을 수 있는 전체 월급은 다음과 같습니다.

(단위 : 만 원)

	A회사	B회사
1개월	100	1
2개월	100	2
3개월	100	4
4개월	100	8
5개월	100	16
6개월	100	32
7개월	100	64
8개월	100	128
9개월	100	256
10개월	100	512
11개월	100	1024
12개월	100	2048
총액	1200	4095

▲ 두 회사에서 1년간 받게 되는 월급 비교

1년간 받을 월급의 총액을 계산하면 A회사는 1200만 원, B회사는 무려 4095만 원이나 돼요. 첫 달의 월급은 A회사가 100배나 많지만, 1년간 총액으로 따지면 B회사에 가는 게 훨씬 이득이랍니다.

자, 지금까지 우리는 매번 바로 앞의 수보다 2배씩 커지는 수를 살펴봤어요. 2, 4, 8, 16…처럼 말이죠. 이렇게 항상 같은 비율로 커지거나 작아지는 수들을 수학에서는 '등비수열*(等比數列)'이라고 합니다. 처음에는 작아 보여도 조금만 반복해 보면 어마어마하게 커지죠.

수열(數列)

일정한 규칙에 따라 나열된 수를 '수열'이라 한다. 수열에는 등비수열 외에도 앞뒤 수의 차(差)가 일정한 '등차수열(等差數列)' 등이 있다.

 우수와 일랑이의 수학 배틀

똑똑한 승려와 불쌍한 원님

일랑이의 공격 사라진 낙타

쉬는 시간에 일랑이가 나한테 재미있는 이야기를 해 주겠다고 하길래 귀를 쫑긋 세우고 들었어요.

일랑 옛날, 아주 먼~ 옛날, 아라비아에 낙타 17마리를 가진 사람이 있었어. 그 사람은 세 아들에게 낙타를 유산으로 남겼지. 전체의 절반은 첫째에게, $\frac{1}{3}$은 둘째에게, $\frac{1}{9}$은 셋째에게 물려주기로 한 거야. 그럼 아들들은 낙타를 몇 마리씩 가졌을까? 단, 낙타를 반으로 자르거나 그러면 안 돼. 그럼 낙타가 죽어 버리잖아.

우수 (나는 화가 났어요. 일랑이가 나보다 공부를 잘하는 건 알지만, 나를 너무 무시하는 것 같았거든요. 그래서 연필과 종이를 꺼내 열심히 계산을 했죠. 그런데 17은 2나 3, 9 어떤 수로도 나누어떨어지지 않았어요! 그래서 한참 끙끙거리고 있는데, 일랑이가 한심하다는 듯이 한숨을 쉬었어요! 기분 나쁘게……)

일랑 어휴, 그렇게 아무리 계산해도 낙타는 못 나눠. 아무튼 그 아들들도 너처럼 멍청하게 계산을 하다가 실패하고, 나처럼 똑똑한 마을 승려를 찾아갔대. 그랬더니 승려가 자신의 낙타 1마리를 주면서 아까처럼 나눠 보라고 한 거야.

우수 (일랑이가 종이를 꺼내 연필로 아래처럼 쓰더라고요.)

첫째 아들 : $18 \times \frac{1}{2} = 9$

둘째 아들 : $18 \times \frac{1}{3} = 6$

셋째 아들 : $18 \times \frac{1}{9} = 2$

우수 야, 승려 낙타를 아들들이 가지면 어떻게 하냐? 승려는 뭐 타고 다녀! (나는 버럭 소리를 질렀어요. 그랬더니 일랑이가 혀를 끌끌 차지 않겠어요?)

일랑 너 좀 멍청하긴 해도 더하기는 할 줄 알지? 아들들이 가진 낙타 수를 더해 봐.

우수 (멍청하다는 말에 화가 났지만, 일단 더해 보기로 했어요. 첫째가 9마리, 둘째가 6마리, 셋째는 겨우 2마리… 합쳐 보니까 17이 나왔어요!) 우와! 야! 한 마리가 사라졌어!

일랑 그래, 그건 승려 낙타야. 승려는 아들들에게 낙타를 다 나눠 주고 자기 낙타는 다시 가지고 돌아갔지.

우수 음… 그건 다행이네.

네, 정말 다행이긴 한데… 왜 뭔가 이상하다는 느낌이 들까요?

우수의 반격 사라지지 않은 소

다음 날, 나는 일랑이가 나에게 멍청하다고 한 말을 후회하게 해 주기로 했어요. 그래서 나도 이야기를 하나 준비해 갔죠. 그리고 쉬는 시간에 화장실에 가려는 일랑이를 억지로 붙들어 놓고 이야기를 시작했어요. 일랑이는 화장실이 급한 눈치였지만, 나는 신경 쓰지 않기로 했어요.

우수 아주 먼~ 옛날, 소 11마리를 가진 사람이 세 아들에게 그 소들을 유산으로 남겼어. 큰아들에게는 11마리의 절반을, 둘째에게는 $\frac{1}{3}$을, 셋째에게는 $\frac{1}{6}$을 주기로 했지. 그런데 11마리는 2나 3, 6으로 나눠지지 않잖아? 그래서 마을 원님을…….

일랑 원님을 찾아가서 도와달라고 했지? 그랬더니 원님이 소 1마리를 가져왔을 거야.

우수 응, 어떻게 알았어? (일랑이는 얄밉게도 피식피식 웃었어요.)

일랑 내가 어제 해 준 얘기랑 똑같은데 나라만 아라비아에서 한국으로 바꾼 거구만 뭐. 그럼 계산을 해 보면 이렇게 되겠네.

우수 (일랑이는 전교 1등답게 금방 계산을 끝냈어요.)

첫째 아들 : $12 \times \frac{1}{2} = 6$

둘째 아들 : $12 \times \frac{1}{3} = 4$

셋째 아들 : $12 \times \frac{1}{6} = 2$

일랑 첫째는 6마리, 둘째는 4마리, 셋째는 2마리를 가졌겠네. 맞지? 그럼 나 이제 화장실 간다!

우수 (일랑이는 어지간히 볼일이 급했나 봐요. 벌떡 일어나서 뛰쳐나가려 하더라고요. 하지만 나는 다시 일랑이를 붙들었어요.) 그게 끝이 아니야! 원님 소는 어쩔 거야!

우수 (그랬더니 일랑이는 짜증을 버럭 냈어요. 역시 화장실에 못 가게 하면 화가 나는 건가 봐요.)

일랑 아들들이 가진 소를 다 더하면 한 마리가 남겠지! 6마리, 4마리, 2마리 더하면 12니까 유산으로 받은 11마리… 어라? 이상한데?

우수 (그래요, 어제 일랑이가 냈던 문제와 다르게 이번에는 원님이 도로 가져갈 소가 없네요. 자, 이렇게 비슷한 상황인데 어째서 낙타는 나누고 나니까 18마리에서 1마리가 사라졌고, 소는 12마리 그대로일까요?) 어때? 왜 그런지 알겠어? 말해 줄까?

일랑 말하지 마! 내가 풀 거야!

자존심 강한 일랑이는 답을 생각하느라 화장실 가는 것도 잊고 앉아 있다가 다음 쉬는 시간이 올 때까지 배가 아파 고생을 했답니다.

그런데 정말 어떻게 된 걸까요? 어제 일랑이가 낸 문제에서는 승려의 낙타 1마리가 남았는데, 어째서 이번 문제에서는 원님의 소가 남지 않은 걸까요? 답은 '분수의 합'에 있습니다. 분수의 합이 1이 되면 원님의 경우처럼 남는 게 없게 돼요. 무슨 말이냐면, 낙타 문제에서 아들들이 받게 될 낙타의 수는 각각 전체의 $\frac{1}{2}$, $\frac{1}{3}$, $\frac{1}{9}$이잖아요? 이 셋을 더해 보세요.

$$\frac{1}{2} + \frac{1}{3} + \frac{1}{9} = \frac{9}{18} + \frac{6}{18} + \frac{2}{18} = \frac{9+6+2}{18} = \frac{17}{18} \neq 1$$

어때요? 분자에 1이 부족하죠? 그럼 원님과 아들들의 문제를 볼까요? 아들들이 받게 될 소는 각각 전체 소의 $\frac{1}{2}$, $\frac{1}{3}$, $\frac{1}{6}$이죠? 똑같이 더해 볼게요.

$$\frac{1}{2} + \frac{1}{3} + \frac{1}{6} = \frac{6}{12} + \frac{4}{12} + \frac{2}{12} = \frac{6+4+2}{12} = \frac{12}{12} = 1$$

분수의 합이 1이 됐죠? 분자와 분모가 같기 때문에 남는 소가 없는 거랍니다. 그나저나 불쌍한 원님은 어떻게 해야 할까요?

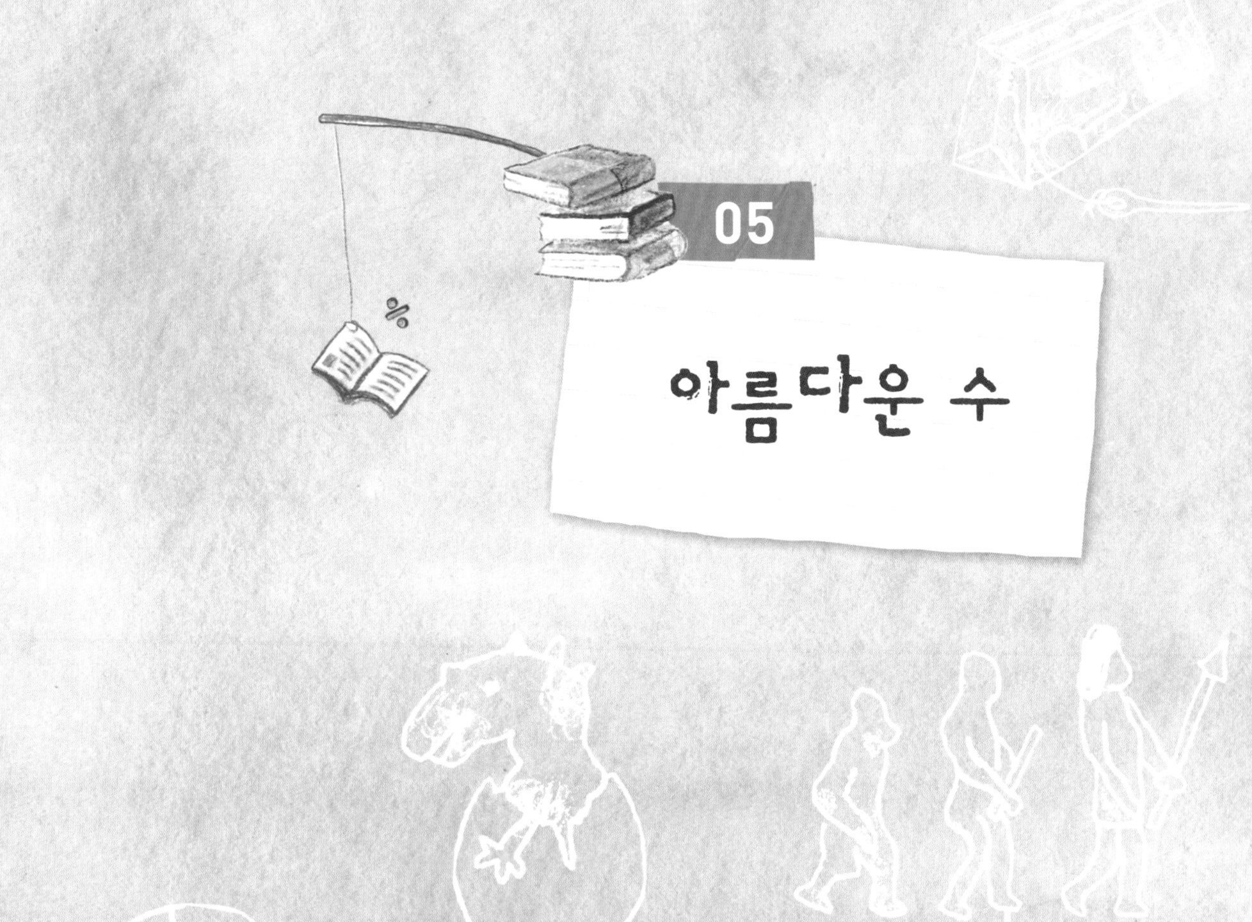

05

아름다운 수

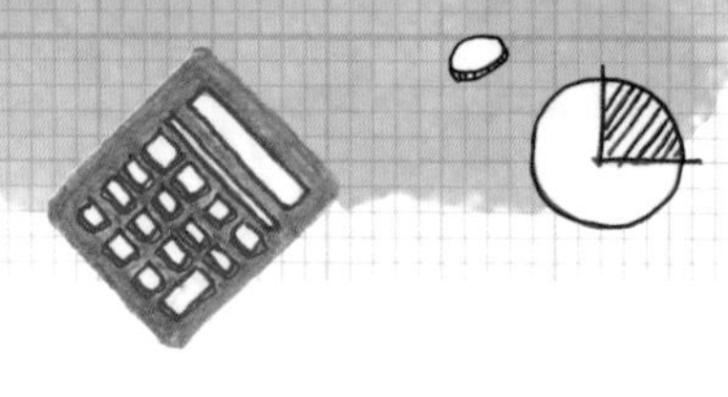

피보나치수열과 토끼

우리 집에는 동물 인형이 많아요. 곰돌이, 고양이, 사자, 강아지 등 종류도 다양한데, 선생님은 그중에서도 마시마로 인형을 가장 좋아한답니다. 처음 봤을 때는 토끼인지 곰인지 헷갈렸는데, 귀를 보니까 확실히 토끼가 맞네요. 그러고 보면 벅스 버니부터 마시마로까지, 토끼는 사람들에게 참 많은 사랑을 받는 것 같아요.

그런데 토끼를 보니까 문득 생각난 게 있어요. 바로 '피보나치수열'이라는 건데, 알고 보면 아주 재미있는 수열이랍니다.

암수 한 쌍의 토끼가 있는데, 이 토끼들이 한 달이 지나면 또 암수 한 쌍의 토끼를 낳는다고 해 봐요. 그리고 그 새끼 토끼들이 또 한 달이 지나면 암수 한 쌍의 토끼를 낳는 거죠. 이런 식으로 시간이 지나면 어떻게 될까요?

한번 계산해 볼래요? 단, 계산할 때 한 마리씩이 아니라, 한 쌍을 1로 계산해 봐요.

자, 답을 알려 줄게요. 토끼의 쌍은 1, 1, 2, 3, 5, 8, 13, 21, 34, 55… 이런 식으로 늘어난답니다.

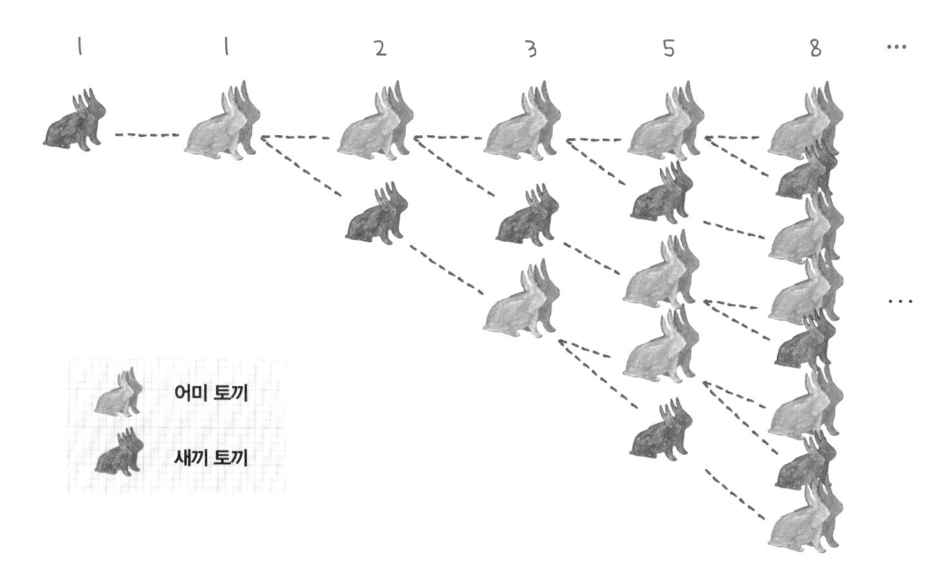

앞에서 '수열'이 뭔지 배웠죠? 이 토끼 쌍의 수도 수열이 된답니다. 그냥 봐서는 아무 규칙도 없는 것 같지만, 자세히 보면 규칙이 있어요. 앞의 두 수를 더하면 그 바로 뒤의 수가 된다는 거죠. 가장 앞의 1쌍과 그 뒤의 1쌍을 더하면 세 번째로 나오는 2가 되지요. 두 번째 나오는 1과 세 번째 나오는 2를 더하면 그 뒤에 나오는 3이 되고요.

$1 + 1 = 2 \dashrightarrow 1 + 2 = 3 \dashrightarrow 2 + 3 = 5 \dashrightarrow$

$3 + 5 = 8 \dashrightarrow 5 + 8 = 13 \dashrightarrow 8 + 13 = 21 \dashrightarrow$

$\vdots$

이런 수열이 좀 전에 말한 '피보나치수열'이에요. 13세기 이탈리아의 상인이었던 피보나치라는 사람이 이 수열을 유럽 사람들에게 처음으로 알렸거든요. 아라비아와 유럽을 오가며 무역을 했던 피보나치는 수학에 관심이 많았어요. 그래서 아라비아의 수학책에 흥미를 보였고, 이 수열도 유럽에 알렸죠. 그래서 사람들이 그의 이름을 따서 이름을 붙여 줬대요.

그런데 이 이야기를 왜 하느냐고요? 우리는 모르고 지내지만, 사실 우리 주변에서 피보나치 수들을 많이 볼 수 있거든요.

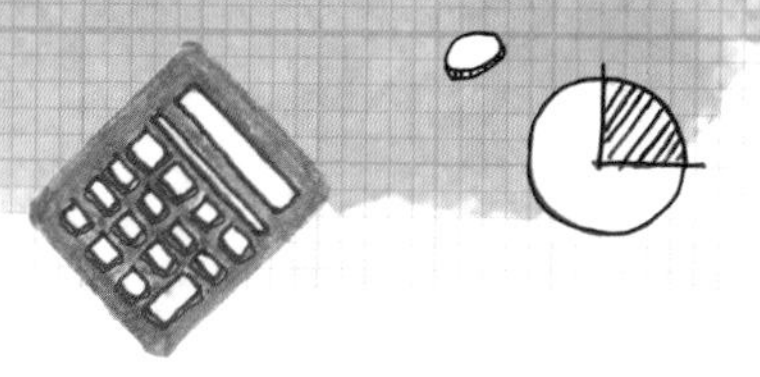

우리 주변에 등장하는 피보나치 수

좀 전에도 말했죠? 피보나치 수는 주변에서 아주 흔히 찾아볼 수 있다고요. 지금껏 모르고 지냈을 뿐이에요. 여러분이 즐겨 먹는 과일에서도, 봄이면 활짝 피는 꽃잎에서도 피보나치 수를 볼 수 있답니다.

과일 중에는 파인애플 껍질에서 피보나치 수를 발견할 수 있어요. 파인애플 껍질을 하나하나 살펴보면 육각형 형태인데, 이 껍질들이 세 종류의 나선을 이루고 있지요. 이 나선의 수를 세보면 각각 8개, 13개, 21개예요. 바로 피보나치 수들이지요.

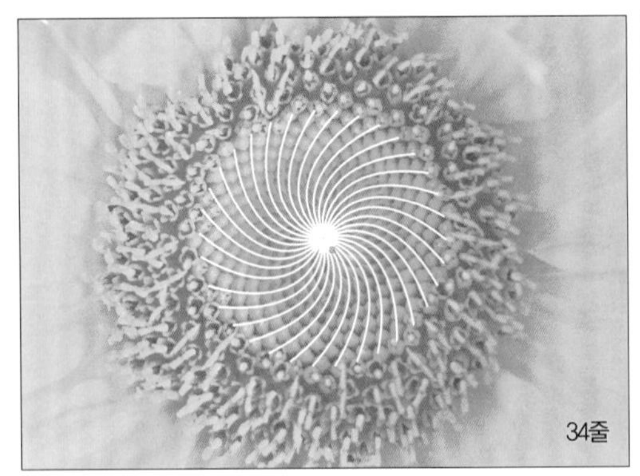

▲ 해바라기(시계 방향)

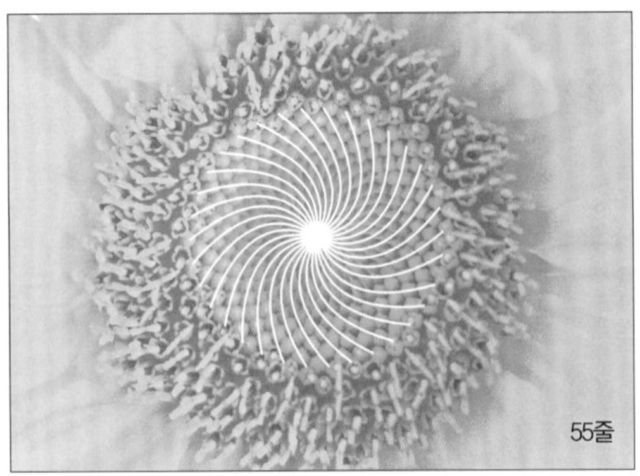

▲ 해바라기(시계 반대 방향)

이뿐만이 아니에요. 여름에 흔히 볼 수 있는 해바라기에서도 피보나치수열을 찾아볼 수 있답니다. 활짝 핀 해바라기를 자세히 보세요. 해바라기 꽃을 보면 씨가 두 종류의 나선으로 이어져 있는 걸 알 수 있어요. 나선의 방향은 시계 방향과 시계 반대 방향으로 되어 있는데, 두 나선의 수를 세어 보면 34줄과 55줄이에요. 34와 55는 피보나치 수열에서 서로 찰싹 붙어 있는 수들이지요. 간혹 해바라기 중에 나선의 수가 55개와 89개인 것도 있고, 89개와 144개인 것도 있어요. 어찌 됐건 모두 피보나치 수가 된답니다.

▲ 무궁화

그리고 해바라기 꽃이 아니더라도 흔히 볼 수 있는 꽃들 대부분은 꽃잎의 수가 피보나치 수라는 거 알고 있나요? 보통 꽃잎이 5장으로 된 꽃이 많아요. 우리나라의 국화(國花)인 무궁화도 꽃잎이 5장이에요. 그리고 가을에 흔히 볼 수 있는 코스모스는 꽃잎이 8장이지요.

5와 8 모두 피보나치수열에 있는 수랍니다.

혹시 피아노를 칠 줄 아는 친구가 있나요? 집에 피아노가 있다면 지금 당장 가서 건반을 확인해 보세요. 피아노의 건반에도 피보나치의 수가 숨어 있어요. 피아노 건반의 한 옥타브에는 흰 건반 8개와 검은 건반 5개, 총 13개의 건반이 있습니다. 검은 건반 5개는 2개와 3개로 나뉘어 있죠. 그러니까 검은 건반은 2와 3, 합치면 5, 하얀 건반은 8, 모든 건반을 합친 13. 이렇게 나타나는 5개의 수 2, 3, 5, 8, 13은 피보나치 수들이지요.

어때요? 이렇게 주변에서 쉽게 찾아볼 수 있는 피보나치 수. 신기하죠?

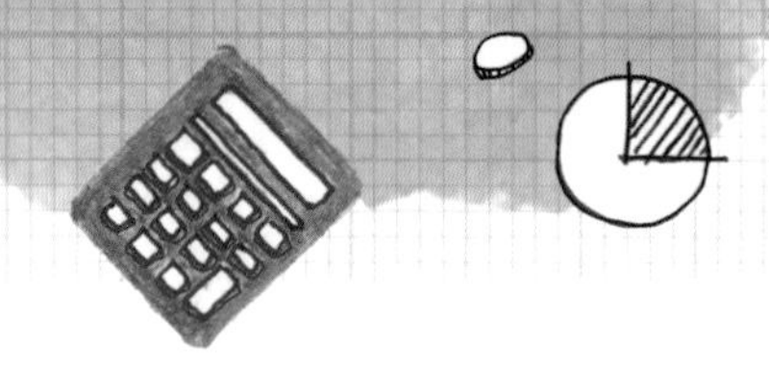

피보나치수열과 황금비

피보나치수열에는 재미있는 비밀이 하나 더 숨어 있어요. 그 비밀이 뭔지 알아보기 전에 피보나치수열을 한번 죽 써 볼까요?

1, 1, 2, 3, 5, 8, 13, 21, 34, 55, 89, 144,
233, 377, 610, 987…

팔이 아파서 더는 못 쓰겠어요. 뭐, 여기까지만 써도 피보나치수열의 비밀을 알아보기에는 충분하니까 괜찮아요.

지금부터 피보나치수열에서 서로 붙어 있는 두 수의 비율을 계산해 볼 거예요. 계산 방법은 간단해요. 바로 앞의 수로 바로 뒤의 수를 나누면 된답니다. 여러분도 한번 해 보세요. 선생님이 계산을 해 보니 다음 표와 같이 나왔어요.

한 걸음 앞서 가기

Φ의 기원

황금비를 나타내는 기호인 Φ는 20세기 초에 수학자였던 마크 바(Mark Barr)가 처음으로 사용했다. 파르테논 신전을 건축한 그리스의 조각가 페이디아스(Pheidias, ? ~ ?)의 머리글자 P의 그리스어를 따서 만든 것이다.

$\frac{1}{1}$ = 1.000000	$\frac{2}{1}$ = 2.000000	$\frac{3}{2}$ = 1.500000
$\frac{5}{3}$ ≒ 1.666666	$\frac{8}{5}$ = 1.600000	$\frac{13}{8}$ = 1.625000
$\frac{21}{13}$ ≒ 1.615385	$\frac{34}{21}$ ≒ 1.619048	$\frac{55}{34}$ ≒ 1.617647
$\frac{89}{55}$ ≒ 1.618182	$\frac{144}{89}$ ≒ 1.617978	$\frac{233}{144}$ ≒ 1.618056
$\frac{377}{233}$ ≒ 1.618026	$\frac{610}{377}$ ≒ 1.618037	$\frac{987}{610}$ ≒ 1.618033
	…	

▲ 피보나치수열에서 앞항과 뒤항의 비율

어때요? 점점 일정한 수에 가까워지고 있지요? 이 수를 '황금비*'라고 해요. 황금비는 수치로 나타내면 약 1 : 1.618 정도 되는데, 이는 인간이 느끼기에 가장 아름다운 비율이라고 해요. 그래서인지 수많은 건축물과 예술품에 이 비율이 사용됐답니다. 피라미드 중 가장 유명한 이집트 쿠푸 왕의 대(大)피라미드는 그 높이와 밑변의 길이가 황금비를 이루고 있습니다. 또한 밀로의 비너스상과 파르테논 신전을 비롯해 수많은 건축물이나 조각상에 황금비가 들어 있지요.

황금비

황금비는 기호로 Φ(파이)로 나타낸다. 원주율 π(파이)와 발음은 같지만 다른 기호다. Φ값은 1.61803398874989 4848204586834365…로, 끊임없이 계속되는 소수다.

▲ 파르테논 신전

그림에서도 황금비를 찾아볼 수 있는데, 레오나르도 다빈치*의 〈모나리자〉가 그 대표적인 작품이랍니다.

▲ 레오나르도 다빈치의 〈모나리자〉

이뿐만이 아니에요! 우리나라에 태극기(太極旗)가 있는 것처럼, 나라마다 국기(國旗)가 있죠? 이 국기에서도 황금비를 찾아볼 수 있어요. 국기는 대부분 짧은 변 길이와 긴 변 길이의 비가 1 : 2, 2 : 3, 3 : 5, 5 : 8 중 하나인데, 이는 모두 피보나치 수이지요.

그런데 세계 여러 나라의 국기를 살펴보면 꼭짓점이 다섯 개인 별이 들어간 국기가 많아요. 정오각형의 각 꼭짓점을 대각선으로 이었을 때 나오는 이런 오각별을 펜타그램(Pentagram)이라고 하는데, 재미있는 건 이 오각별에서도 황금비를 찾아볼 수 있다는 거예요. 한번 확인해 볼까요?

레오나르도 다빈치

레오나르도 다빈치(Leonardo da Vinci, 1452 ~ 1519)는 이탈리아의 화가이자 건축가, 조각가, 과학자였다. 〈모나리자〉, 〈최후의 만찬〉 등의 그림으로 유명하다. 또한 해부학, 천문학, 물리학, 지리학, 생물학은 물론이고 음악에서도 뛰어난 재능을 보였다. 아인슈타인과 함께 인류 역사상 최고의 천재 중 한 명으로 꼽힌다.

우선 정오각형을 그려 봐요. 그리고 서로 마주보는 꼭짓점끼리 연결하면 정오각형 안에 오각별이 그려질 거예요. 그 오각별 가운데에는 아마 작은 정오각형이 생겼을 거고요. 그 안에 또 오각별을 그릴 수 있겠죠? 황금비는 바로 정오각형과 그 꼭짓점들을 연결해 그린 오각별에서 찾을 수 있어요. 정오각형의 한 변의 길이와 그 안에 그린 오각별의 한 변의 길이를 살펴보면 약 1 : 1.618로 황금비를 이룬답니다. 여러분도 정오각형과 오각별을 그려서 황금비를 만들어 봐요.

▲ 황금비

▲ 밀로의 비너스

우수와 일랑이의 수학 배틀

황금비와 수학 퍼즐

일랑이의 공격 1은 어디로 갔을까?

몇 번이나 말했지만, 내 짝인 일랑이는 전교 1등이에요. 그리고 수학을 아주 좋아하죠. 문제는 잘난 척이 심하고, 나를 자꾸 무시한다는 거예요. 쉬는 시간에 수학 얘기를 해 주거나 퀴즈를 내곤 하는데, 오늘은 바둑판 무늬가 있는 연습장을 주더라고요. 거기에는 아래처럼 그림이 그려져 있었어요.

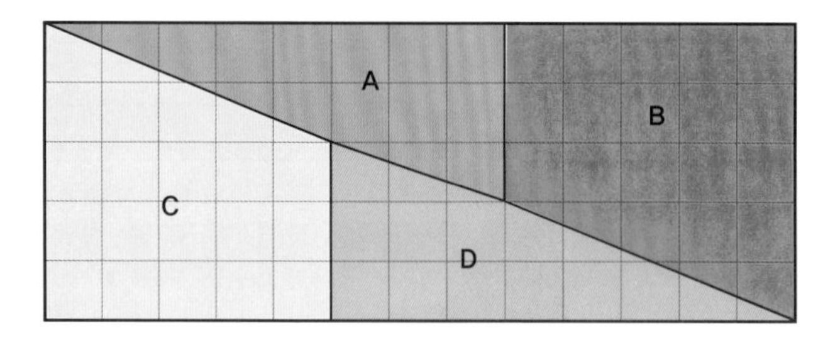

일랑 자, 이 직사각형의 넓이를 구해 봐.

우수 (저는 화가 났어요. 내가 우스워 보였나? 이런 쉬운 문제를 내다니요!)

우수 이런 건 연습장도 필요 없어! 딱 보니까……. (딱 봐서는 모르겠고, 열심히 계산을 해 봤어요. 가로가 13, 세로가 5니까 곱하면…….)

우수 65! (제가 답을 말하자 일랑이는 조금 놀란 표정으로 저를 쳐다봤어요. 저는 어깨가 으쓱해졌죠. 그런데 일랑이가 피식 웃더니, 또 저에게 묻는 거예요.)

일랑 그래 잘했어. 그럼 이 그림이랑 둘을 비교해 봐. 같은 색깔 도형끼리 서로 비교해 보는 거야. 그리고 전체 넓이를 구해 봐.

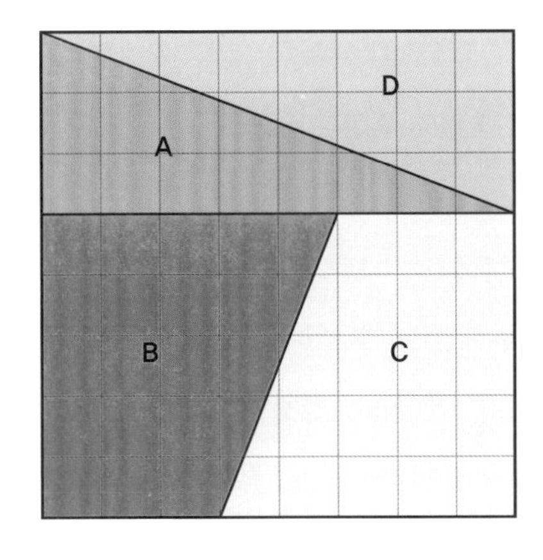

우수 (일랑이가 준 그림은 이렇게 생긴 정사각형이었어요. 그리고 같은 색깔 도형끼리 비교를 해 봤는데 완전히 똑같더라고요. 이런 문제를 내다니, 나를 두 번 무시했어요!) 너 진짜 내가 바보로 보이냐? 당연히 넓이도 같겠지! 계산할 필요도 없어. 65!

일랑 그래? 정사각형을 자세히 보고, 전체 넓이를 구해 봐, 이 바보야.

우수 당연히 똑같…지가 않은데? 이건 가로 8, 세로 8이니까 64잖아! 세상에, 64가 나왔어!

일랑 그래, 64야. 배열만 바꾼 건데 과연 1은 어디로 갔을까?

나는 귀신에라도 홀린 기분이었답니다. 정말 1은 어디로 갔을까요?

우수의 반격 나도 1을 없애 주마!

나는 또 일랑이에게 복수를 해 주기로 했어요. 그래서 집에 가자마자 책을 펼쳐 들었지요. 하지만 복수보다도 아까 일랑이가 냈던 문제를 푸는 게 먼저였어요. 다행히 두 시간 동안 책을 찾아본 끝에 답을 알게 됐죠. 답은 일랑이에게 복수를 해 준 후에 말해 줄게요.

다음 날, 나는 미리 바둑판무늬의 연습장을 준비해 그림을 그렸어요. 그리고 쉬는 시간이 되자마자 일랑이에게 종이를 넘겨 줬죠. 일랑이는 공부를 하려고 했던 것 같은데, 쉬는 시간에는 쉬어야 한다는 제 말에 넘어갔어요. 결국 제가 준 종이를 보더라고요.

우수 지금부터 내가 마술을 보여 주지. (일랑이는 또 무슨 헛소리냐는 표정으로 날 쳐다봤어요. 확 한 대 때려 주고 싶은 얼굴이지만, 착한 제가 참았죠.)

우수 자, 이 종이를 봐.

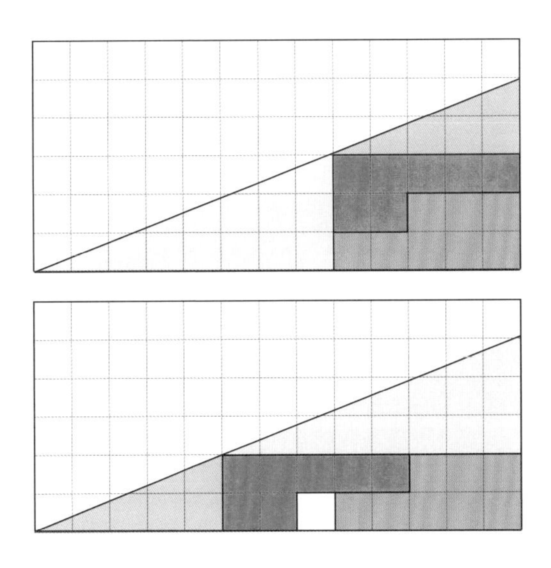

우수 (일랑이는 여전히 못마땅한 표정이었지만, 말은 고분고분 잘 들었어요. 종이를 받아 들더니 힐끔 보더라고요.)

일랑 봤는데? 뭐 어쩌라고?

우수 (정말 '힐끔' 보더니, 종이를 귀찮다는 듯이 제게 던졌어요. 이번에야말로 한 대 때려 줄까 했지만, 난 착하니까 잘 참았어요.) 자세히 봐. 위의 그림과 아래 그림은 똑같은 네 개의 도형으로 이루어져 있잖아. 그런데 어째서 아래 그림은 한 칸이 비게 된 걸까?

내 말에 일랑이는 종이를 자세히 봤어요. 그리고 잠시 후에 놀란 토끼처럼 눈을 동그랗게 뜨고는 연필을 들고 계산을 시작했죠. 수업이 시작된 것도 모르고 그 비밀을 밝혀내겠다고 고생하다가 선생님께 혼이 났답니다.

자, 왜 1이 사라진 걸까요? 사실 두 퍼즐 모두 도형들의 미세한 경사 차이를 이용한 거예요. 일랑이가 낸 문제에서는 A와 B의 사선은 경사가 각각 $\frac{8}{3}$과 $\frac{5}{2}$로 달라요. 그리고 내가 낸 문제에서는 두 직각삼각형의 경사가 $\frac{8}{3}$과 $\frac{5}{2}$로 차이가 있지요. 이렇게 경사에 조금 차이가 나는 것을 눈치채지 못하도록 교묘하게 만들어 놓은 거예요. 어때요? 여러분들도 깜박 속았죠? 그리고 한 가지 더! 각 도형들의 경사를 이루는 수인 2, 3, 5, 8이 모두 피보나치수열에 들어 있는 수들인 걸 눈치챘나요?

2

도형의 세계

06 평면도형의 세계

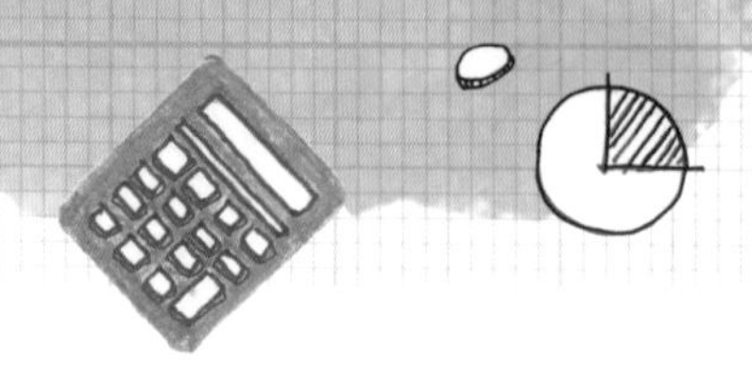

A4와 A3는 한 가족?

여러분들이 평소에 아무렇지 않게 쓰고 있는 종이에도 수학적인 비밀이 숨어 있어요. 종이의 크기는 수학적으로 계산해서 만든 것이랍니다.

집에 A4 용지가 있나요? 없다고 해도 A4 용지가 뭔지는 알고 있죠? 가장 흔하게 쓰고 있는 종이 중 하나지요. 또, 알고 있는 친구도 있겠지만 A3와 A2라는 종이도 있답니다. 그리고 B4, B3처럼 B로 시작되는 종이도 있지요. 도대체 앞에 오는 알파벳은 뭐고 뒤에 붙는 숫자는 뭘까요?

A가 붙는 종이는 세계에서 공통적으로 사용하는 국제 규격이고, B가 붙는 것은 몇몇 나라에서만 사용하고 있는 규격입니다. 어떤 제품이나 그 재료의 품질, 모양, 크기 등을 일정하게 정해 놓은 기준을 규격이라고 하죠. 그러니까 알파벳 중

한 걸음 앞서 가기

A0의 크기

A열 용지 중 가장 큰 A0는 긴 변의 길이가 1189㎜, 짧은 변의 길이가 841㎜이다. 넓이를 계산해보면 약 1㎡가 되는데 (1189×841 = 999949㎟), 이는 처음에 규격을 정할 때 가장 큰 A0 크기의 기준을 1㎡로 정했기 때문이다.

A가 붙은 종이는 세계적으로 같이 사용하는 기준에 따른 종이라는 뜻이고, B가 붙으면 몇몇 나라에서 사용하는 기준에 따른 종이인 거예요.

뒤에 따라오는 숫자는 종이의 크기를 나타낸답니다. 각 규격에서 가장 큰 종이에는 숫자 0을 붙여요. 그러니까 A규격의 종이 중 가장 큰 것은 A0가 되는 거죠. 당연히 B규격에서 가장 큰 종이는 B0가 되겠죠? 여기서 숫자가 1씩 커질 때마다 종이의 크기는 오히려 반으로 줄어들어요. A1은 A0의 절반, A2는 A1의 절반이 되는 거죠. 이렇게 나누다 보면 A4는 A0를 네 번 접은 크기가 된답니다. 흔히 사용하는 공책은 B5인 경우가 많고, 학교에서 사용하는 시험지는 대부분 A4나 B4랍니다.

명칭	치수(mm)
A0	841 x 1189
A1	594 x 841
A2	420 x 594
A3	297 x 420
A4	210 x 297
A5	148 x 210
A6	105 x 148
A7	74 x 105
A8	52 x 74

▲ A용지 규격

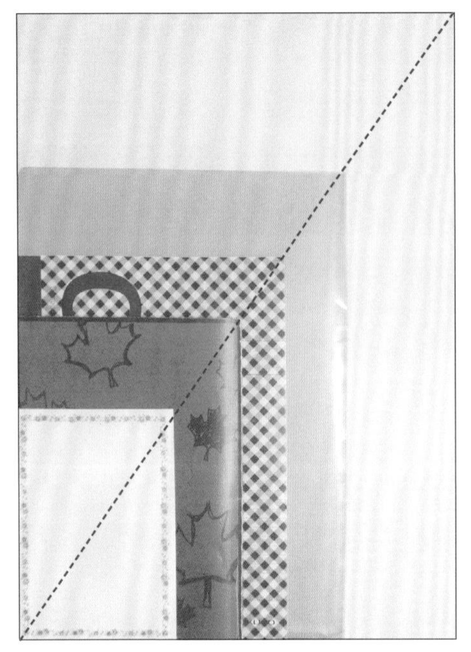

흔히 볼 수 있는 종이들은 서로 닮은꼴이다

▲ 종이 규격

중요한 점은, A용지와 B용지는 뒤의 숫자가 커져서 크기가 반으로 줄어도 모양은 그대로라는 거예요. 무슨 뜻이냐고요? 바로 가로와 세로의 비율이 그대로라는 거죠. '비율'이 뭔지는 앞에서 배웠죠? 이렇게 긴 변을 반으로 접었을 때도 비율이 변하지 않으려면 긴 변과 짧은 변의 비율은 약 1.414 : 1이 되어야 해요. A규격과 B규격 용지는 모두 긴 변과 짧은 변의 비율이 1.414 : 1이랍니다. 그러니까 A1의 가로와 세로를 동시에 일정한 비율로 늘리다 보면 언젠가 그 크기와 모양이 A0와 똑같아지겠죠? 명심해야 할 것은, 일정한 '길이'를 늘리는 것이 아니라 '비율'로 늘린다는 거예요.

이렇게 서로 모양은 같고 크기만 다른 도형들을 '닮은꼴 도형'이라고 해요. 닮은꼴 도형에서 서로 대응하는 변, 그러니까 A규격 종이를 예로 들면 A0의 긴 변과 A1의 긴 변끼리 길이의 비를 '닮음비'라고 한답니다. 우리가 흔히 사용하는 종이들은 닮은꼴인 경우가 많답니다. 작은 연습장과 큰 연습장도 그렇고, 크기가 작은 교과서와 큰 교과서도 그래요. 크기는 다르지만 모양은 같은 경우가 많죠. 이 외에 주변에 어떤 닮은꼴 도형이 있는지 여러분도 한번 찾아보세요.

한 걸음 앞서 가기

종이의 규격을 정하는 이유

종이의 규격을 정해 놓으면 미터법에서 단위를 정한 것처럼 세계 어디서든 통일해서 쓸 수 있다는 점 외에도 낭비를 줄일 수 있다는 장점이 있다. 예를 들어 A3 용지의 반만 썼다면 남은 반을 A4 용지로 사용할 수 있다.

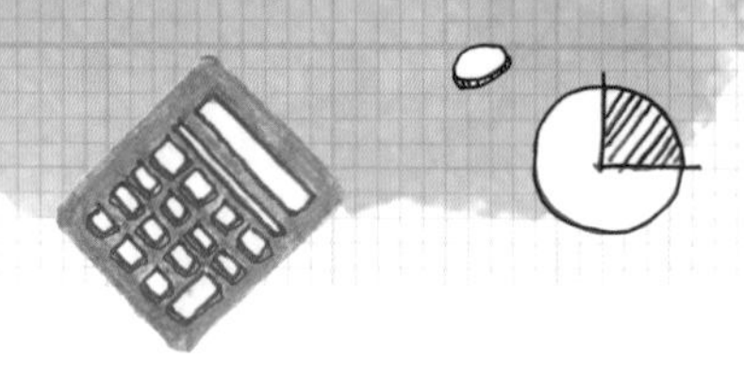

우리 몸으로 원과 정사각형을!

자, 여러분이 도형에 대해 얼마나 알고 있는지 시험을 해 볼까요? 정사각형의 특징에는 어떤 것들이 있을까요? 원의 특징은요?

답을 모른다고 해서 슬퍼할 필요는 없어요. 지금부터 알아 가면 되는 거니까요.

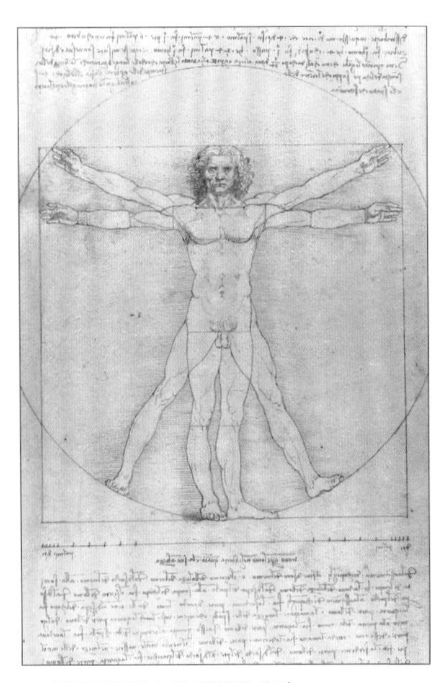

▲ 〈비트루비우스의 인체비례도〉

정사각형의 특징을 간단하게 살펴보면, 사각형 중에서 네 변의 길이가 모두 같고, 네 각의 크기도 모두 같아야 한답니다. 원은 흔히 동그라미라고 하는데, 정확한 정의는 '한 점에서 같은 거리에 있는 점들을 모두 이은 평면 도형'이랍니다.

그런데 신기하게도 사람 몸의 길이를 이용해서 이런 정사각형과 원을 만들 수 있답니다.

고대 로마의 건축가 비트루비우스는 인간의 몸과 도형의 관계에 관해 다음과 같이 말했습니다.

"인체의 중심이 되는 점은 배꼽이다. 그러므로 사람이 누워서 손발을 벌리면 컴퍼스의 바늘을 배꼽에 놓고 그것을 중심으로 그린 원에 손발이 닿게 된다. 또한 인체로부터 원 모양뿐만 아니라 정사각형도 찾아볼 수 있다. 발바닥에서 머리끝까지의 높이와, 양팔을 좌우로 쭉 뻗었을 때의 폭이 똑같기 때문이다."

중세 학자들은 이 말을 인체의 미(美)와 도형에 밀접한 관계에 있다는 말로 받아들였어요. 그래서 당시의 화가들은 인간과 도형의 관계를 이용한 작품을 많이 만들었지요. 특히 〈모나리자〉로 유명한 예술가이자 과학자인 레오나르도 다빈치는 비트루비우스의 말에 따라 사람 몸의 배꼽을 중심으로 원과 정사각형을 그렸어요. 다빈치가 그린 〈비트루비우스의 인체비례도〉라는 그림에 비트루비우스의 말이 완벽하게 나타나 있지요. 이 그림은 〈비트루비우스적 인간〉이라고도 하는데, 다빈치는 실제로 사람들을 눈금자로 측정하여 그렸다고 합니다.

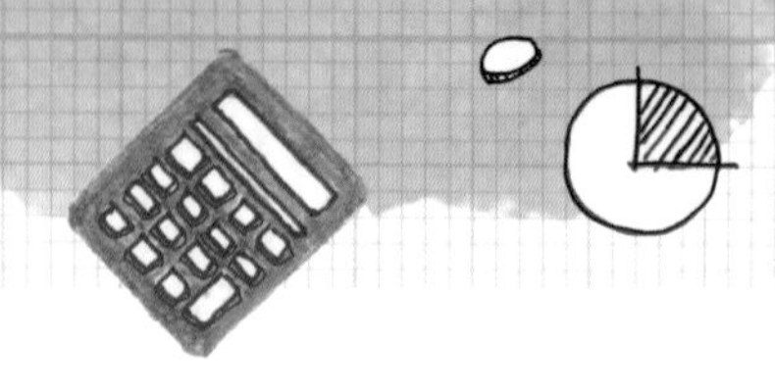

우리 주변의 정육각형

삼각형과 사각형, 오각형, 육각형… 이렇게 셋 이상의 선분으로 둘러싸인 평면도형을 '다각형'이라고 해요. 다각형 중에서도 정삼각형, 정사각형처럼 각 선분의 길이와 내각의 크기가 모두 같은 것을 '정다각형'이라고 하지요.

정다각형은 변의 개수에 따라 정삼각형, 정사각형, 정오각형, 정육각형 등이 있습니다. 그중에서 같은 도형만으로 평면을 메울 수 있는 것은 정삼각형, 정사각형, 정육각형뿐이에요. 정오각형만으로는 평면을 메울 수 없지요.

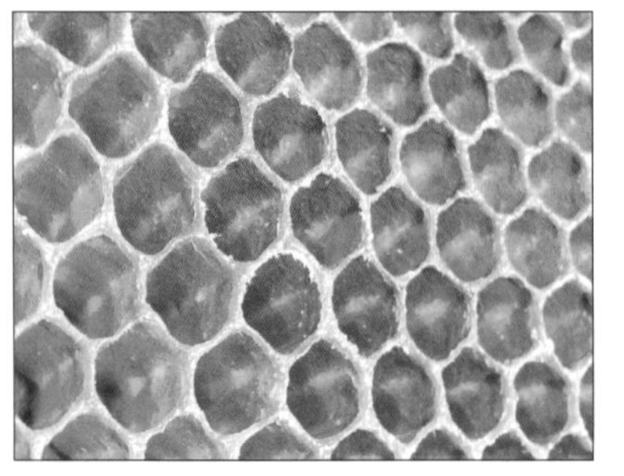
▲ 벌집

정육각형은 평면을 메울 수 있는 정다각형 중에서 가장 각이 많은 도형이에요. 정육각형으로 평면을 메우면 삼각형이나 사각형으로 메울 때보다 안정적인 모양을 하게 됩니다.

혹시 벌집을 본 적이 있나요? 벌집의 단면은

육각형이 서로 맞물린 모양이지요. 이렇게 만들면 가장 안정된 구조이면서 표면적도 넓어 많은 꿀을 저장할 수 있거든요. 꿀벌들은 과연 정육각형의 이런 성질을 알고서 집을 만드는 것일까요?

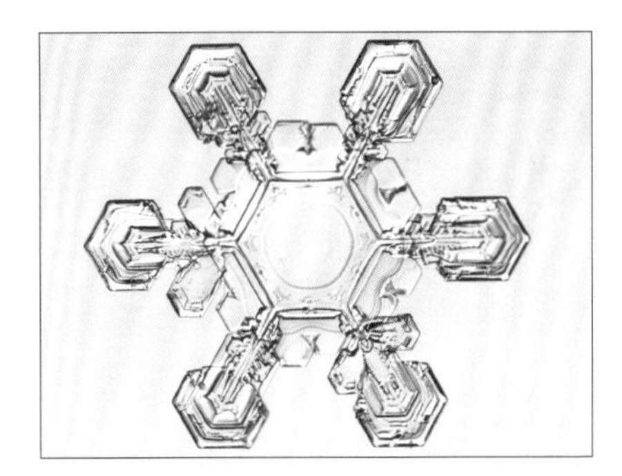
▲ 눈 결정

우리가 흔히 쓰고 있는 연필도 단면이 육각형인 게 많죠? 손으로 연필을 쥘 때 엄지와 검지, 중지로 연필을 쥐고 나머지 두 손가락이 이를 받치게 쥐지요. 연필을 세 손가락으로 쥐기 때문에 가장 맞는 도형은 삼각형입니다. 그래서 아이들이 처음 연필을 사용할 때, 연필 쥐는 법을 빨리 익히도록 도와주는 삼각형 연필도 있어요. 하지만 이런 연필은 그림에서처럼 방향에 따라 연필심에 가해지는 압력이 달라 심이 쉽게 부러져요. 3의 배수가 되면서 심에 가해지는 압력을 일정하게 하려면 6각형이 가장 적당합니다. 그래서 연필의 단면은 대부분 정육각형 모양이지요. 단, 색연필은 심이 보통의 연필심보다 부드럽기 때문에 압력이 보다 균등하게 가해지도록 보통은 원 모양을 하고 있습니다.

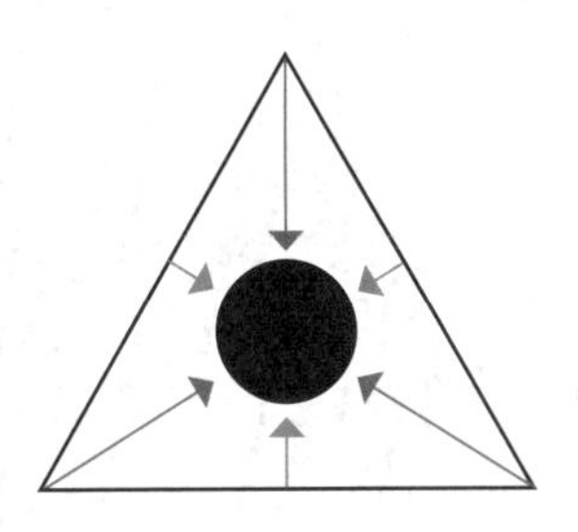

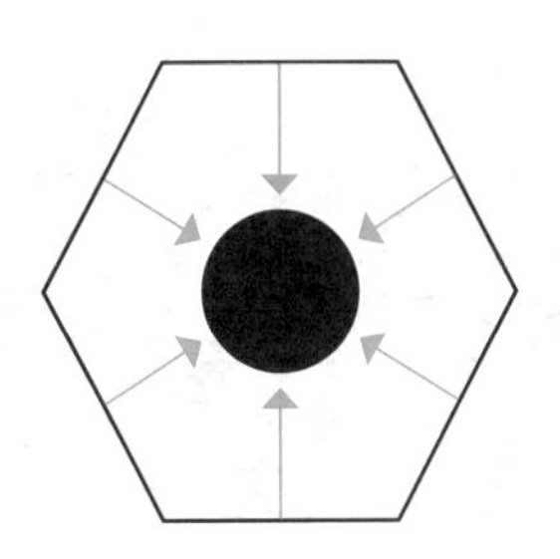

▲ 연필심에 가해지는 압력

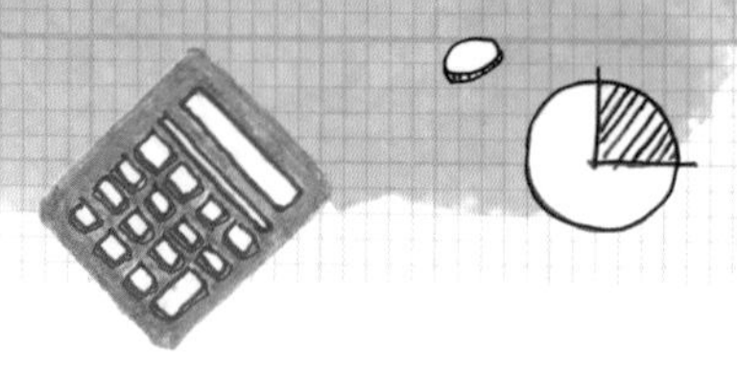

넷째 시간

소가죽으로 나라를 세운 공주

현재 아프리카의 튀니지가 있는 곳에 옛날에는 카르타고*라는 도시 국가가 있었답니다. 포에니 전쟁에서 로마와 맞서 용감히 싸웠던 한니발 장군이 바로 이 카르타고 사람이지요. 그 카르타고의 건국(建國)에 대해 재미있는 이야기가 전해 내려오고 있어요.

지금으로부터 약 3000년 전, 어느 나라에 디도라는 공주가 있었는데 친오빠에게 목숨을 위협받아 신하들을 이끌고 도망쳤대요. 공주는 새 나라를 만들기 위해 배를 타고 서쪽으로 가던 중 한 나라에 도착했습니다. 그리고 그 나라의 왕을 만나 땅을 조금 달라고 부탁을 했답니다. 그 왕은 소가죽 한 장만큼의 땅이라면 줄 수 있다고 했대요. 물론 소가죽 한 장만큼의 땅으로는 나라를 세울 수가 없으니 땅을 주기 싫었던 거겠지요. 과연 디도는 어떻게 했을까요?

디도는 그 소가죽을 아주 잘게 잘라 긴 끈을 만들어서 그 끈

카르타고

나라가 세워진 정확한 연도는 알 수 없으나 기원전 814년경으로 알려져 있다. 기원전 3세기 전반까지 서(西)지중해 부근에서 세력을 떨쳤고, 무역이 활발했다. 로마인들은 카르타고 주민들을 '페니키아인(人)'이라는 의미로 '포에니'라 불렀다. 로마와 카르타고 사이에 일어난 세 번의 전쟁을 '포에니 전쟁'이라 하는데, 카르타고는 3차 포에니 전쟁에서 패하면서 멸망하였다.

으로 땅에 둘레를 쳤대요. 왕은 약속을 어길 수 없어서 그 소가죽 끈으로 둘러싼 만큼의 땅을 주었습니다. 디도는 그 땅에 카르타고를 세웠다고 해요.

카르타고의 건국에 관한 이야기는 여기까지입니다. 만약 여러분이 디도였다면, 소가죽 끈으로 최대한 많은 땅을 얻기 위해 둘레를 어떤 모양으로 쳤을까요? 삼각형? 사각형? 아니면 원?

자, 우선 사각형을 만든다고 생각해 봐요. 그럴 경우 가로와 세로의 길이가 다른 직사각형보다는 정사각형을 그릴 때 넓이가 더 넓어져요. 그리고 정사각형보다는 정오각형을, 정오각형보다는 정육각형을 만들 때 더 넓어진답니다. 각이 많아질수록 넓이가 넓어지는 것이지요. 둘레의 길이는 모두 같은데 말이에요.

예를 들어 볼까요? 소가죽 끈의 길이가 1200m라고 생각해 보자고요. 이때 직사각형을 만들면 모양에 따라 넓이는 다음과 같이 달라지게 돼요.

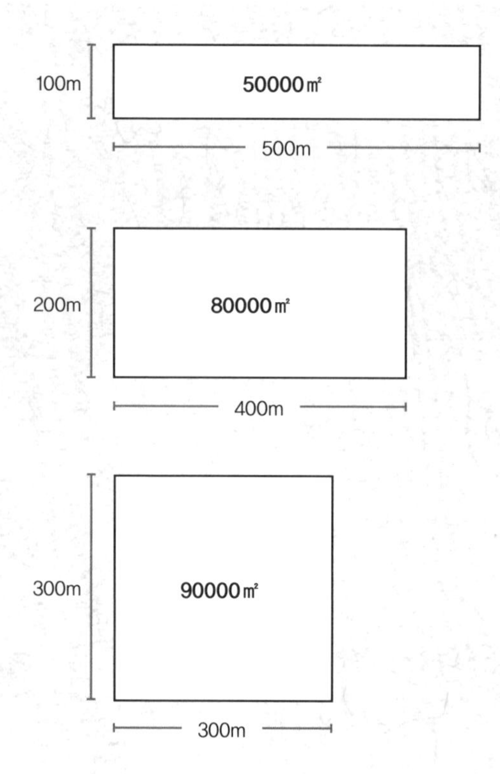

▲ 둘레의 길이가 같을 때 가로와 세로 길이에 따른 사각형의 넓이 차이

이렇게 조금씩 바꾸다 보면 정사각형이 가장 넓어지죠. 그렇다면 다른 모양을 만들면 어떻게 될까요? 이미 변의 길이가 모두 같아야 넓이가 더 넓어진다는 걸 배웠으니, 정다각형만 생각을 해 볼까요?

위와 같은 길이 1200m의 소가죽 끈으로 정다각형을 만들면 각각 다음과 같은 넓이가 나와요.

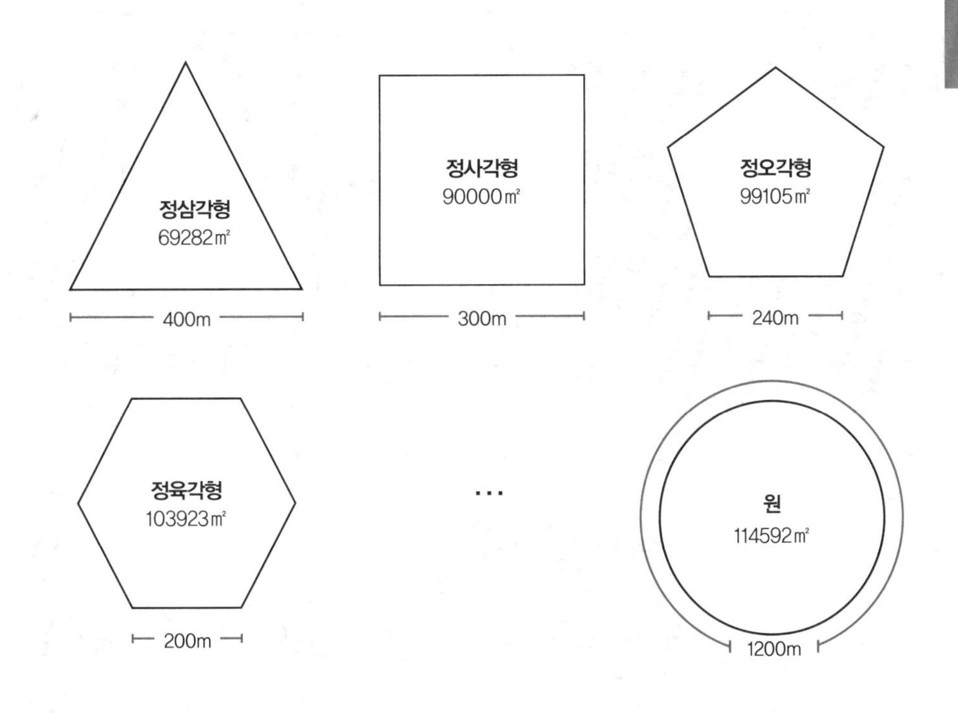

▲ 둘레의 길이가 같을 때 정다각형과 원의 넓이

이렇게 각을 계속 늘리다 보면 점점 원에 가까워지겠죠? 맞아요, 그래서 같은 둘레로 가장 큰 넓이를 가지는 평면도형은 원이에요. 만약 디도가 카르타고를 세울 때 이 사실을 알고 있었다면 원으로 둘레를 쳤겠지요? 하지만 아쉽게도 처음 세워졌을 때 카르타고가 어떤 모양이었는지는 알 수 없답니다.

 우수와 일랑이의 수학 배틀

네모로 붙어 보자!

일랑이의 공격 네모네모 자전거

오늘도 어김없이 쉬는 시간이 찾아왔어요. 화장실에 가려고 하는데, 일랑이가 이런 말을 했어요.

일랑 네모난 바퀴가 달린 자전거를 타고 싶은데…….

혼잣말처럼 했지만 나 들으라고 하는 얘기인 게 뻔했죠. 이번에도 나를 약 올리려는 것 같았지만, 아무리 그래도 네모난 바퀴가 달린 자전거라니… 정신이 나간 건가 싶어서 걱정이 됐어요. 그래서 일랑이가 던진 미끼를 덥석 물어 버렸답니다.

우수 저기, 일랑아. 자전거 바퀴는 네모가 아니라 동그라미야. 공부만 하지 말고 바람도 좀 쐬고 그래라. 응?

일랑 자전거 바퀴가 다 원이라고 누가 그래?

우수 누가 말은 안 해 줬지만, 원래 그래. 자전거 바퀴가 네모면 어떻게 굴러가겠어? (저는 점점 일랑이가 걱정되기 시작했어요.)

일랑 그래? 그럼 나랑 내기하자. 바퀴가 네모인 자전거가 굴러갈 수 있으면 앞으로 평생 너를 바보라고 부를 거야. 못 굴러가면 네가 나를 바보라고 부를 수 있게 해 주지.

우수 (너무 자신만만해 보여서 좀 불안했지만, 그래도 내기를 해 보기로 했어요.)

우수 그래, 해 보자. (일랑이는 내 말이 끝나기가 무섭게 씩 웃더니 사진을 하나 꺼냈어요.)

▲ 바퀴가 네모인 자전거

우수 (사진을 보고 나는 깜짝 놀랐어요! 세상에! 이건 뭐야!)

일랑 지금처럼 바닥이 편평하다면 네 말대로 바퀴가 원이어야 달리기 좋겠지. 하지만 우주 어딘가에는 분명 바닥이 울퉁불퉁한 곳이 있을 거야. 거기서 동그란 바퀴 자전거가 잘 굴러갈 것 같으냐?

우수 ……. (완전히 한 방 먹었어요!)

일랑 이 사진에서처럼 바닥이 볼록볼록 솟아 있는 곳에서 자전거를 타려면 바퀴가 정사각형이어야 잘 달릴 수 있어.

우수 ……. (무슨 말인지는 알겠지만, 지구에 바닥이 저렇게 생긴 곳이 있을까요? 지구에서는 당연히 바퀴가 원이어야 편하잖아요!)

일랑 분명 내가 지구에서 타는 자전거라고는 안 했으니까 내기는 내가 이긴 거 맞지? 약속은 약속이니까, 그럼 난 이제 너를 평생 바보라고 부를 거야.

우수 (네, 약속은 약속이니까요. 저는 일랑이에게 평생 바보라고 놀림을 받게 됐네요.)

우수의 반격 세모로 네모 만들기

이제 일랑이가 얼마나 교활한지 다들 알았을 거라 믿어요. 나처럼 착한 학생이 그렇게 교활한 사람에게 속아 놓고 그냥 넘어가면 안 되겠죠? 난 또 복수를 해 주기로 했어요. 그래서 책을 찾아보고는 일랑이에게 복수할 방법을 찾았죠.

다음 날 쉬는 시간, 일랑이가 나를 바보라고 놀리는 걸 무시하며 물었어요.

우수 드릴로 네모난 구멍을 뚫으려면 어떻게 해야 할까? 네모난 드릴을 사용하면 네모난 구멍이 나올까?

일랑 바보야, 드릴로 구멍을 뚫으면 당연히 원이 되지.

우수 (역시! 난 일랑이가 이렇게 대답할 줄 알았어요.)

일랑 드릴은 원을 그리면서 돌기 때문에, 사각형 드릴을 사용하면 서로 마주보는 꼭짓점을 지름으로 하는 원이 뚫릴 수밖에 없어.

우수 (아, 그건 맞아요. 제가 어제 찰흙을 바닥에 얇게 펴놓고 나무 젓가락으로 실험해 봤는데, 진짜 동그란 구멍이 뚫렸거든요. 하지만 저는 드릴로 네모난 구멍을 뚫는 방법을 알아요.)

우수 아냐, 분명히 방법이 있을 거야. 나랑 내기할래? 내가 드릴로 네모난 구멍을 뚫는 방법을 알아내면 어제 내기했던 거 취소야. (일랑이는 어제 제가 그랬던 것처럼 잠깐 고민을 하더니 고개를 끄덕였어요. 장담하는데, 3분 안에 후회하게 될걸?)

일랑 어디 말해 보시지? 어떻게 드릴로 네모난 구멍을 뚫을 건데?

우수 음… 세모 드릴로 뚫을 수 있을 것 같은데? (그리고 일랑이가 무슨 말을 하기도 전에, 미리 준비해 둔 그림을 꺼냈어요.)

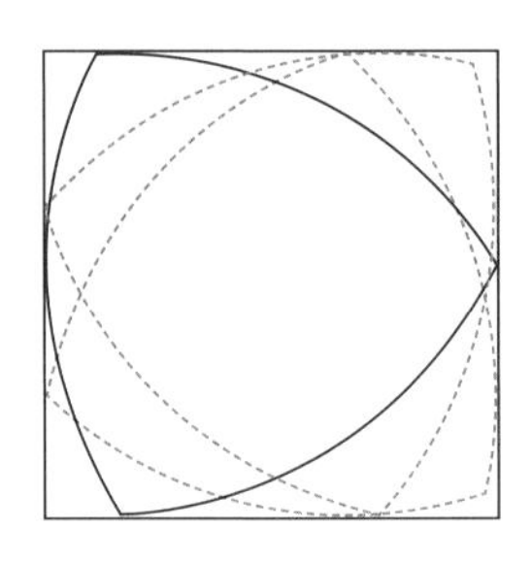

우수 잘 봐. 이게 독일의 기계공학자인 프란츠 뢸로(Franz Reuleaux, 1829~1905)가 만든 '뢸로 삼각형'이라는 거야. 곡선으로 이루어진 도형이니까 정확히는 삼각형이라고 할 수는 없지만, 그래도 그렇게 불러.

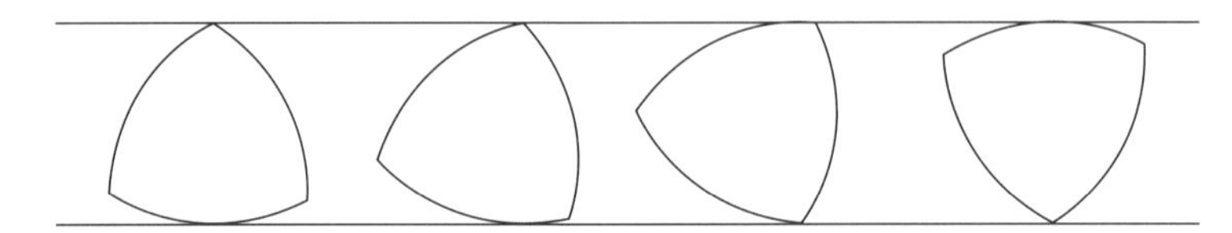

우수 이 삼각형은 어디서 재더라도 항상 그 폭이 같은데, 이런 도형을 '정폭도형'이라고 해. 어디서 재더라도 폭이 같으니까, 이걸 굴리면 항상 폭이 일정한 평행선을 그리게 되지. 뢸로 삼각형은 똑같은 크기의 원 세 개를 서로 중심이 지나도록 포갰을 때 겹치는 부분이야.

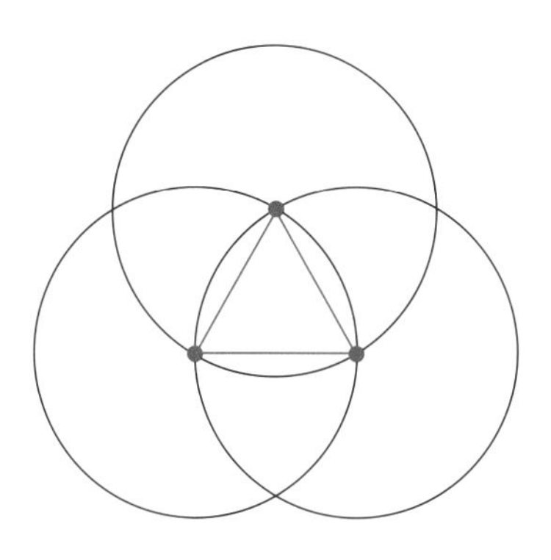

우수 (일랑이는 넋을 놓고 뢸로 삼각형을 쳐다보고 있었어요.) 그럼 내가 이겼으니까 앞으로는 나를 바보라고 부르지 마!

내기에서 이긴 저는 일랑이에게 당당히 이렇게 말했답니다. 물론 일랑이가 내 말을 들을 리가 없지만요.

07
원주율

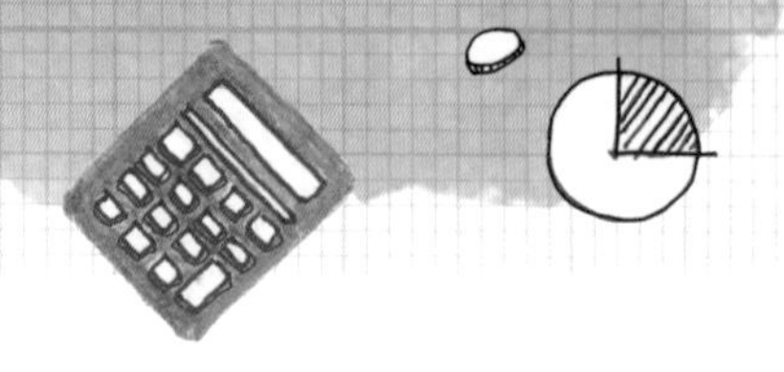

파이(pie)와 파이(π)는 무슨 관계일까?

얼마 전에 가족들과 외식을 하러 중국 음식점에 갔어요. 주말이라 그런지 사람이 많았어요. 자리가 하나 비었지만, 네모난 식탁이더군요. 혹시라도 아이가 모서리에 찧으면 다칠까 봐 우리는 20분을 더 기다렸다가 원탁에 앉았답니다. 둥그런 식탁을 원탁이라고 하는 건 알고 있죠?

모서리가 없어서 안전하다는 것 외에도 원탁에는 장점이 또 있답니다. 보통 식탁은 직사각형이라 가운데 있는 음식이 누구한테는 가까워도 다른 사람에게는 멀 수도 있어요. 하지만 둥그런 식탁에서는 그럴 일이 없죠. 원이라는 게 원래 중심점에서부터 같은 거리에 있는 점들을 모아 놓은 평면도형이니까요. 어떤 사람에게든 가운데 있는 음식은 똑같은 거리만큼 떨어져 있으니, 공평한 식탁이라고 할 수 있겠죠? 또한 음식점에 있는 둥그런 식탁은 손으로 잡고 옆으로 밀면 빙글빙글 돌기

▲ 원탁

π의 기원

▲ 윌리엄 존스

π는 '원둘레'라는 뜻을 가진 periphery의 첫 글자 p에 해당하는 그리스 문자이다. 윌리엄 존스(William Jones, 1675~1749)라는 수학자가 이 문자를 원주율로 처음 사용했다고 한다. 하지만 윌리엄 오트레드(William Oughtred, 1574~1660)가 먼저 사용했다는 설도 있다. 둘 중 누가 됐건 '윌리엄'이라는 수학자가 가장 먼저 사용한 것만은 분명해 보인다.

때문에 반대쪽에 있는 음식도 편하게 내 앞으로 가져올 수 있답니다.

그런데 이런 둥그런 식탁의 둘레의 길이는 어떻게 구할 수 있을까요? 네모난 식탁은 네 변의 길이를 더하면 되는데, 둥그런 식탁은 그럴 수 없잖아요? 그렇다면 줄자로 재야 하는 걸까요?

이제 선생님이 아주 재미있는 수를 하나 가르쳐 줄 거예요. 파이(π)라고 하는 수인데, 우리말로 하면 원주율(圓周率)이랍니다. '원둘레와 지름의 비율'이라는 뜻이지요.

혹시 집에 줄자가 있다면 선생님이 시키는 대로 해 볼래요? 크기가 다른 접시 세 개를 찾아 보세요. 물론 둥그런 접시여야 한답니다. 그리고 접시의 한가운데를 지나는 폭을 각각 재서 적어 두세요. 이게 원의 '지름'이 된답니다. 다음으로는 접시의 둘레를 줄자로 재서 아까 적어둔 지름 옆에 적는 거예요. 그리고 각 접시마다 둘레의 길이를 지름으로 나누어 보세요.

자, 선생님이 답을 말해 볼게요. 아마 세 접시 모두 3.14가 나왔을 거예요! 그렇죠? 정확하지는 않더라도 비슷한 수가 나왔을 거예요.

바로 이 수가 아까 선생님이 말한 π, 즉 원주율이랍니다. 쉽게 말하면 '지름에 대한 원둘레의 비율'이 π인 거죠.

음… 선생님이 고백할 게 있는데, 사실 π는 3.14가 아니에요. π를 정확히 적으면…

3.14159265358979323846264338327950288419716939937511…

…가 돼요. 저 뒤로도 계속해서 수가 이어지죠. 지금까지 우리가 배웠던 소수들은 모두 분수로 나타낼 수 있었죠? 3.14라면 $\frac{314}{100}$ 또는 $\frac{157}{50}$ 이런 식으로 나타낼 수 있었어요. 하지만 π는 분수로 표현할 수 없답니다. 숫자가 반복되지도 않으면서 무한히 이어지죠. 네, 정말 영원히 계속되는 소수예요.

벽시계, 접시, 자동차 바퀴 등 우리 주위에 있는 모든 원 모양의 물건들은 지름에 π를 곱하면 그 둘레의 길이가 나와요. 여러분이 자주 먹는 초코맛 파이(pie)도 파이(π)를 이용하면 그 둘레를 쉽게 구할 수 있답니다.

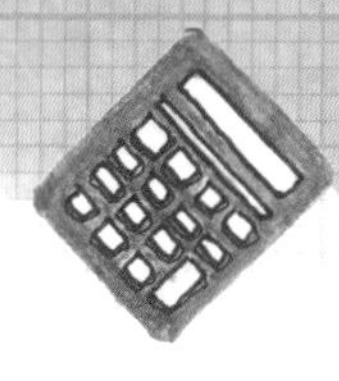

π는 누가 만들었을까?

조금 전에 배운 π는 누가, 언제, 어떻게 구한 걸까요?

역사를 거슬러 올라가 보면, 지금으로부터 약 4000년 전인 기원전 2000년에 쓰인 《파피루스》라는 수학책에도 원주율과 관련된 내용이 나와요. π의 값을 약 3.16으로 계산했지요. 정확한 값은 아니지만 오늘날처럼 수학이 발달하기 전이었던 걸 감안하면 이 정도로 비슷한 값을 구한 것만으로도 놀랍지요.

한 걸음 앞서 가기

아르키메데스는 누구?

아르키메데스(Archimedes, ?B.C.287~B.C.212)는 고대 그리스의 물리학자이자 역사상 가장 위대한 수학자 중 한 사람이다.'지렛대의 원리'를 발견한 후에 '나에게 충분히 큰 지렛대와 지탱할 장소만 준다면 지구도 들어올릴 수 있다'는 말을 했다. 로마와 전쟁이 일어났을 때는 빛을 되비추어 방향을 바꾸는 반사경을 만들어 로마군의 배를 불태웠다고 한다. 이밖에도 많은 발명품을 남겼다. 하지만 원과 구에 관한 연구야말로 아르키메데스의 가장 큰 업적이라고 할 수 있다.

도형을 이용한 계산으로 원주율 π를 구한 최초의 사람은 기원전 300년경 그리스의 수학자 아르키메데스*입니다. '세계 3대 수학자' 중 한 명으로, 우리가 무거운 물건을 들 때 사용하는 '지렛대의 원리'를 밝힌 사람이기도 해요. 이 밖에도 엄청난 업적들을 남긴 수학자이죠. 아르키메데스는 원 대신 원에 되도록 가까운 도형을 이용해 π값을 구했어요. 정다각형 중 각의 수가 많을수록 그 형태가 원에 가까워진다는 점을 이용한 거죠.

직선이나 곡선이 다른 곡선과 한 점에서 만나는 걸 '접한다'고 해요. 그림을 보면 작은 정육각형은 모든 꼭짓점이 원에 닿아 있고 큰 정육각형은 모든 변이 원과 닿아 있지요?

들여다보기

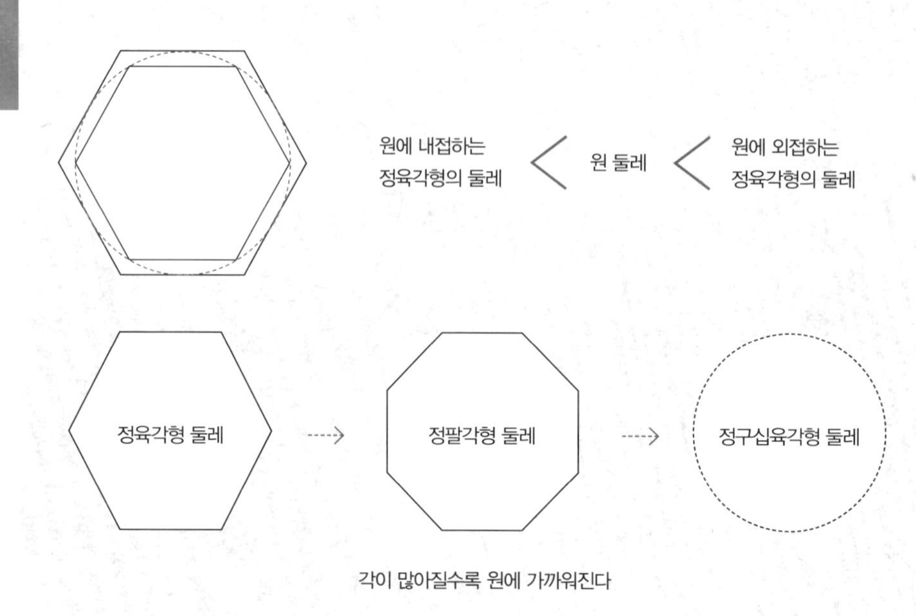

▲ 정구십육각형 둘레

이때 작은 정육각형을 '원에 내접한다'고 하고, 큰 정육각형을 '원에 외접한다'고 해요. 그림에서 볼 수 있는 것처럼 원의 둘레는 원에 내접하는 정육각형의 둘레와 원에 외접하는 정육각형의 둘레 사이에 있어요. 여기서는 알아보기 편하게 정육각형을 예로 들었지만, 아르키메데스는 정구십육각형을 이용했어요. 각이 많아지면 많아질수록 그 둘레가 원에 가까워지기 때문이지요. 정구십육각형 정도면 생긴 거나 그 둘레 모두 원에 가깝겠죠? 이렇게 아르키메데스가 두 개의 정구십육각형을 이용해 구한 π의 값은 3.1419였어요. 실제 π 값인 3.141592…와의 차이가 겨우 $\frac{3}{10000}$ 정도에 불과하다니, 놀라운 일이지요.

아, 문득 생각이 난 건데 혹시 여러분은 3월 14일이 무슨 날인지 알고 있나요? 아마 대부분은 화이트데이라고 대답했을 거예요. 네, 물론 틀린 말은 아니에요. 하지만 화이트데이는 일본의 한 제과 회사가 사탕을 팔려고 만들어 낸 날이라고 해요. 그게 우리나라에도 퍼진 것뿐이죠. 하지만 유럽이나 미국에서는 3월 14일을 '파이데이(pi day)'라고 해요. 원주율 π가 3.14로 시작한다고 했죠? 이 파이(π)를 기념하기 위해 만든 날이지요. 해마다 3월 14일 오후 1시 59분에 모여서 π값 외우기 대회 등을 한다고 해요. π값의 소수점 아래 다섯 자리까지가 3.14159라서 이런 날짜와 시간을 정한 거죠. 여러분도 기억해 주세요.

3월 14일은 파이데이랍니다!

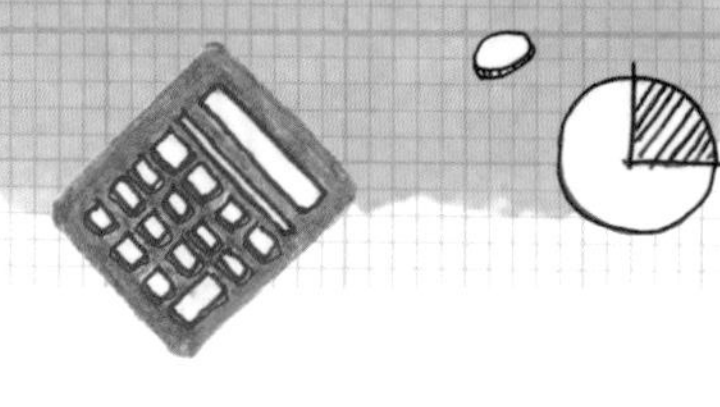

π는 약방의 감초

π가 재미있는 수인 건 알겠는데, 그럼 도대체 어디에 쓰려고 배우는 걸까요? 앞에서 배운 원탁이나 접시 둘레의 길이를 비교하는 것 외에는 쓸모가 없는 걸까요? 그렇지 않아요. 사실 π는 항상 우리 곁에 있답니다.

π는 원의 둘레와 넓이, 구나 원기둥 또는 원뿔 등의 겉넓이와 부피를 구하는 식에 반드시 필요해요. 뭔가 동그란 도형의 값을 구할 때는 꼭 필요한 거죠. 하지만 이뿐만이 아니라 여기저기서 π가 필요하답니다. 심지어 전혀 상관이 없어 보이는 곳에도 말이에요! 예를 들어 우리 주변의 움직임에 관련된 식에는 대부분 π가 들어갑니다. 왜냐하면 모든 움직임에는 원모양으로 도는 '회전운동'이 들어가기 때문이에요.

멋진 스포츠카의 바퀴도 회전운동을 해요

회전한다는 것은 원둘레의 일부를 그린다는 것과 같아요. 달리는 자동차는 직선으로 움직이는 것처럼 보이지만 사실 차의 바퀴는 회전운동을 하고 있어요. 마찬가지로 동물들이 움직일 때도 팔이나 다리의 관절이 회전운동을 하고 있답니다. 게다가 지구와 같은 행성의 자전과 공전도 결국은 회전운동입니다. 그러니 회전운동은 결국 우리 주변의 모든 움직임을 지배하고 있는 거죠. 게다가 발전기도 회전운동으로 전기를 만들어 낸다고 해요. 그래서 π는 운동의 식에서 빠질 수가 없는 거랍니다.

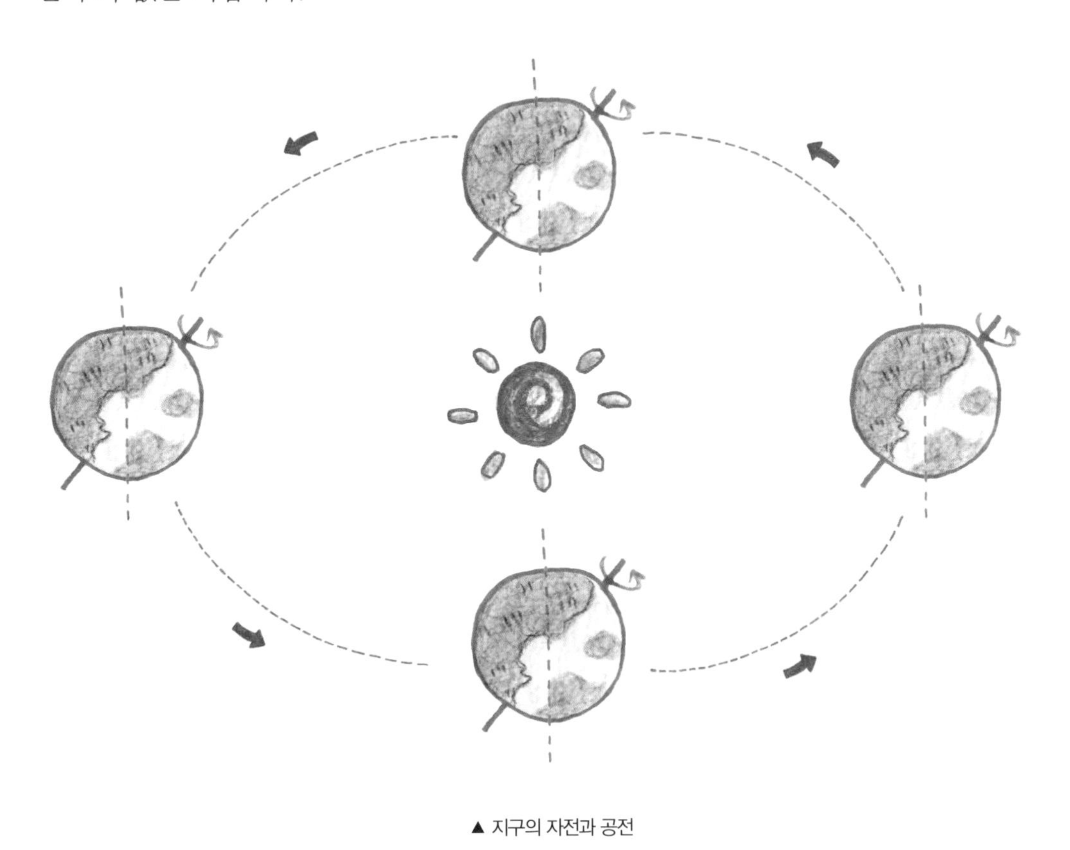

▲ 지구의 자전과 공전

혹시 여러분 중 '굴렁쇠'가 뭔지 아는 사람 있나요? 막대 끝에 둥그런 테를 달아 굴리는 장난감이에요. 도로를 공사할 때도 거리를 재는 데 이런 굴렁쇠와 비슷하게 생긴 기계를 이용하지요. 그냥 굴렁쇠를 가지고 노는 것처럼 걷기만 하면 저절로 길이를 잴 수 있답니다.

이런 식으로 원과 π는 우리 삶에서 빠질 수 없는 것들이랍니다.

아, 원주율에 대한 이야기를 마무리하기 전에 마지막으로 한 가지만 더 알아볼게요. π를 이용해 원의 넓이를 구하는 방법인데, 궁금하죠?

직사각형의 넓이를 구하는 방법은 여러분도 모두 알고 있을 거예요. 그래요, 가로의 길이와 세로의 길이를 곱하면 돼요. 그런데 원의 넓이도 가로와 세로의 곱으로 나타낼 수 있다는 걸 알고 있나요?

아마 여러분은 지금쯤 '원에 가로가 어디 있어? 세로는 또 어디 있고?'라고 의아해하고 있겠네요. 물론 원에는 가로와 세로의 구분이 없어요. 하지만 원을 직사각형 모양으로 바꾸면 가로의 길이와 세로의 길이를 구할 수 있으니까, 넓이도 쉽게 구할 수 있답니다.

아래 그림을 보세요.

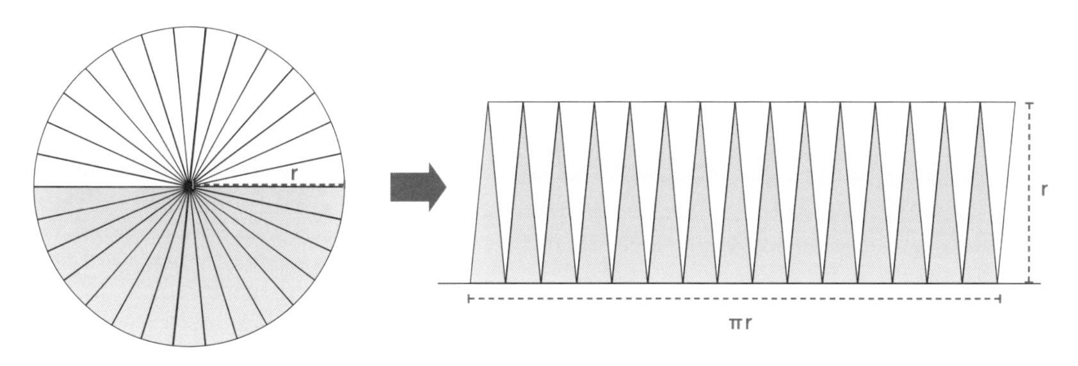

▲ 원을 잘게 쪼개서 만든 직사각형

자, 어때요? 이렇게 그리고 보니 가로와 세로가 생겼지요? 세로는 원의 반지름(r)이 되고, 가로는 원둘레($2\pi r$)의 절반인 πr이 된답니다.

그림의 직사각형은 원을 쪼개서 만든 것이니까 사실 가로의 변은 올록볼록한 모양이 되겠지요? 여기서는 알아보기 편하게 원을 30개로 나누었지만, 더 잘게 나눌수록 직사각형에 가까운 모양을 만들 수 있어요.

이렇게 만든 직사각형의 넓이를 계산해 보면 아래와 같이 나오겠죠?

원의 넓이 = 직사각형의 넓이 = 가로 × 세로

$= \pi r \times r$

 우수와 일랑이의 수학 배틀

π를 구한 사람들

일랑이의 공격 파이에 평생을 바친 남자

쉬는 시간에 너무 배가 고팠어요. 그래서 집에서 가져온, 내가 엄청 좋아하는 초코맛 파이를 꺼냈지요. 봉지를 뜯고 막 먹으려고 하는데, 일랑이가 나를 보더니 피식 웃었어요. 갑자기 입맛이 뚝 떨어졌지 뭐예요.

우수 왜? 내가 초코맛 파이 좀 먹겠다는데, 뭐 불만 있어? 하나 줄까?

일랑 됐어, 안 먹어. 너 그렇게 단 것만 먹다가 이 썩는다. 넌 신경 안 쓸 것 같지만…….

우수 아니야, 나도 이 썩는 건 싫어. 그렇지만 초코맛 파이는 너무 맛있어. 난 먹을 거야.

일랑 예전에 너처럼 파이에 목숨을 건 사람이 있었지. 물론 네가 먹는 파이와는 다른 파이였지만 말이야.

우수 (내가 먹는 파이와 다른 파이라니, 와이파이에 목숨을 건 걸까요? 도대체 뭘까요? 문득 궁금해졌어요.) 누가 언제 어디서 무슨 파이에 어떻게 왜 목숨을 걸었는데? 육하원칙에 맞게 말해 봐.

우수 (난 일랑이가 없는 얘기를 지어낸 줄 알고 따졌어요. 근데 일랑이는 으스대는 표정으로 안경을 슥 밀어 올리더니 헛기침을 하고는 말했어요.)

일랑 에헴, 원주율 파이에 목숨을 건 사람이 있다는 거야.

우수 (오, 원주율이 뭔지는 수업 시간에 들어서 알고 있는데, 거기에 목숨을 왜 걸었을까요?)

일랑 네덜란드 출신의 독일 수학자인 루돌프 반 컬렌(Ludolf van Ceulen, 1540~1610)의 이야기야. 그 사람은 π 값을 구하는 데 일생을 바쳤지. 네가 아무리 아는 게 없어도, 정구십육각형을 활용해 원주율을 구한 아르키메데스의 이야기는 알고 있지?

우수 당연하지!

일랑 루돌프는 같은 방법으로, 정 461경 1686조 184억 2738만 7904각형의 둘레를 계산해 원주율을 구했어. 그런 엄청난 노력 끝에 소수점 아래 35째 자리까지 원주율을 구했고,

이를 엄청 자랑스럽게 여겼대. 독일에서는 이렇게 원주율을 구하는 데 일생을 바친 루돌프를 기리기 위해 π를 '루돌프의 수(Ludolphsche Zahl)'라 부른대.

우수 (우와, 정말 재미있는 이야기였어요. 일랑이는 어디서 이런 이야기를 알게 된 걸까요?)

일랑 너도 평생 초코맛 파이에 목숨을 걸면 100만 개쯤은 먹을 수 있을지도 몰라. 어디 한번 잘해 봐라.

일랑이는 혀를 날름 내밀어 메롱을 하고는 후다닥 도망을 쳤답니다.

우수의 반격 바늘을 떨어뜨려 원주율을 구하다!

일랑이에게 무시당한 걸 생각할수록 화가 났어요. 그래서 집에 오자마자 책을 꺼내 놓고 열심히 봤답니다. 원주율에 관련된 재미있는 이야기를 찾아서 일랑이의 코를 납작하게 해 주고 싶었거든요. 열심히 책을 보고, 아주 재미있는 이야기를 찾아낼 수 있었어요.

다음 날 쉬는 시간에 일랑이에게 지우개를 빌려 달라고 했어요. 일랑이는 귀찮다고 투덜거리더니 필통을 던져 줬어요. 제가 예상했던 대로지요. 일랑이의 필통은 지퍼가 달려 있는데, 한쪽 귀퉁이가 조금 찢어졌거든요.

우수 야, 너 이거 좀 꿰매서 써라. 이게 뭐야, 지저분하게. (일랑이는 내게 손을 내밀었어요.)

일랑 꿰매게 바늘이랑 실 줘 봐.

우수 (물론 제가 바늘이랑 실을 가지고 다닐 리가 없지요.) 미안, 바늘 없는데……. 대신 바늘에 대한 재미있는 이야기를 해 줄게. (여기까지만 말했는데도 일랑이는 등을 휙 돌렸어요.)

일랑 안 들어 봐도 알아. 재미없을 것 같아.

우수 (은근히 화가 났지만, 착한 제가 또 참았지요.) 아니야, 파이랑 관련된 이야기야. (수학에 관한 이야기가 나와서인지 일랑이는 다시 획 돌아앉았어요. 그리고 잔뜩 기대하는 눈으로 나를 빤히 쳐다봤지요. 이거 조금 부담스러운데요?)

우수 프랑스에 조르주루이 르클레르 뷔퐁*이라는 긴 이름의 백작이 있었어. 수학자였던 이 사람은, 1777년에 바닥에 평행선을 그려 놓고 바늘을 던져 π의 값을 구했지.

평행선 사이의 간격이 바늘 길이의 2배인 경우

바늘과 평행선이 만날 확률 = $\frac{1}{\pi}$

우수 만약 평행선 사이의 간격이 바늘 길이의 2배라면, 같은 간격의 평행선이 그어진 평면 위에 바늘을 던졌을 때 바늘이 평행선과 만날 확률은 $\frac{1}{\pi}$이 된대. 고등학교 수학 시간에 배우는 적분(積分)을 이용하면 구할 수 있다는데, 역시 아직 우리에게는 무리겠지? (역시 전교 1등인 일랑이도 아직 고등학교 수학까지는 모르나 봐요.)

우수 그런데 중요한 건, 1901년 이탈리아의 라제리니가 이 방법을 이용하여 π를 구했다는 거야. 바늘을 3408번 던져서 3.1415929라는 값을 얻었지. 소수점 아래 6째 자리까지 맞혔다고 해. 신기하지?

일랑이는 인정하기 싫은 것 같았지만, 신기해하는 표정이었어요. 이 정도면 어제 진 빚을 확실히 갚아 준 것 같죠?

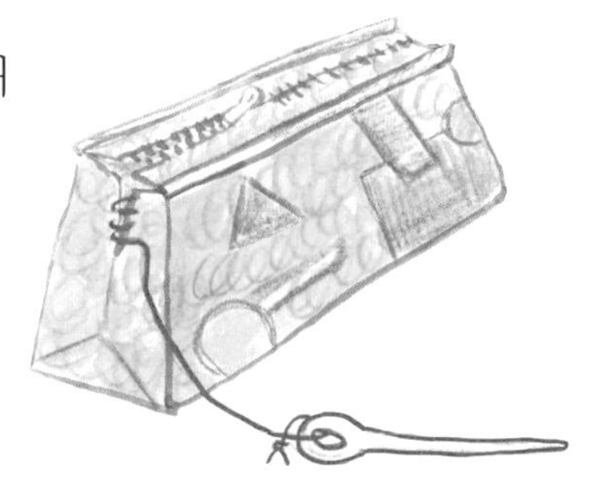

* **조르주루이 르클레르 뷔퐁**(Georges-Louis Leclerc de Buffon, 1707~1788)

18세기 프랑스의 학자로, 뉴턴의 저서를 프랑스에 적극적으로 소개했다. 저서로는 《박물지》가 있다.

08
입체도형의 세계

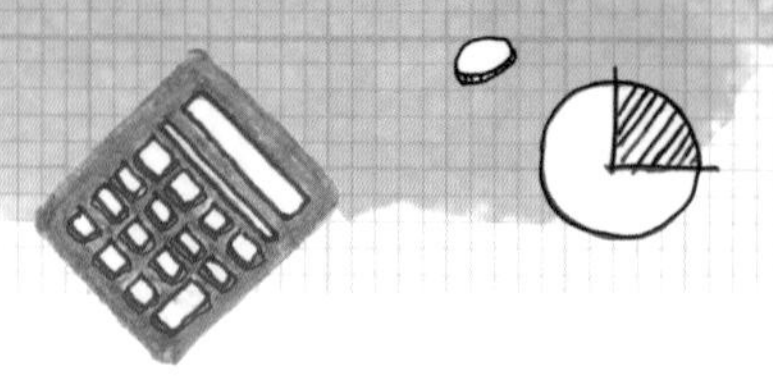

축구공은 구일까? 다면체일까?

공처럼 어디서 봐도 동그랗게 보이는 입체도형을 구(球)라고 해요. 반면에 여러 개의 다각형으로 둘러싸인 입체도형을 '다면체'라고 하지요. 특히 면을 이루는 모든 평면도형의 모양과 크기가 같고, 한 꼭짓점에서 만나는 면의 개수가 같은 다면체를 '정다면체*'라고 합니다.

그럼 여기서 문제! 축구공은 구일까요?

앞에서도 말했던 것처럼 구는 공처럼 동그란 입체도형이에요. 그럼 축구공도 당연히 구일 거라고요? 하지만 신기하게도 축구공은 구가 아니라 다면체랍니다. 축구공도 여러 가지가 있는데, 가장 흔한 건 검은색과 흰색으로 이루어진 공이지요. 모두들 자주 봤을 거예요. 이 공을 자세히 보면 검은색 가죽은 정오각형, 흰색 가죽은 정육각형이랍니다. 그 가죽으로 고무공을 덮고 안에 공기를 팽팽하게 채워 넣어 구에 가깝게 만드는 거예요. 그러니까 구처럼 보이지만, 사실은 여러 개의 다각형으로 이루어진

정다면체

다면체 중 정다면체에는 정사면체, 정육면체, 정팔면체, 정십이면체, 정이십면체 다섯 가지밖에 없다. 또한 각 정다면체에 사용되는 평면도형은 정삼각형과 정사각형, 정오각형뿐이다. 정사면체와 정팔면체, 정이십면체는 정삼각형으로, 정육면체는 정사각형으로, 정십이면체는 정오각형으로 만들어진다.

다면체인 거죠.

축구공은 다면체 중에서도 정이십면체를 이용해 만든 거예요. 정이십면체는 정삼각형 20개로 만들 수 있는데, 꼭짓점 하나마다 삼각형 5개가 만나고 있어요. 꼭짓점은 총 12개이고요. 축구공을 만들 때는 이 정이십면체의 꼭짓점 12개를 잘라내요. 좀 전에 말한 것처럼 각 꼭짓점은 정삼각형 5개가 만나서 이루어지니까 잘라내면 오각형이 하나 생기겠죠? 이때 생기는 오각형이 정오각형이 되도록 모서리의 $\frac{1}{3}$ 지점들을 연결하여 자르는 것이 중요해요. 이렇게 정이십면체의 꼭짓점을 잘라서 만든 입체도형을 '깎은 정이십면체'라고 해요.

한 걸음 앞서 가기

삼십이면체 축구공의 탄생

가장 흔한 형태의 축구공인 삼십이면체 축구공은 독일의 스포츠 의류 업체인 아디다스사에서 만들었다. 1970년 멕시코 월드컵 때부터 사용되었다.

자, 이제 선생님이 문제를 낼게요.

정이십면체의 꼭짓점을 잘라서 만든 깎은 정이십면체에는 면과 모서리, 꼭짓점이 몇 개씩 있을까요? 아래 그림을 참고해서 풀어 보세요.

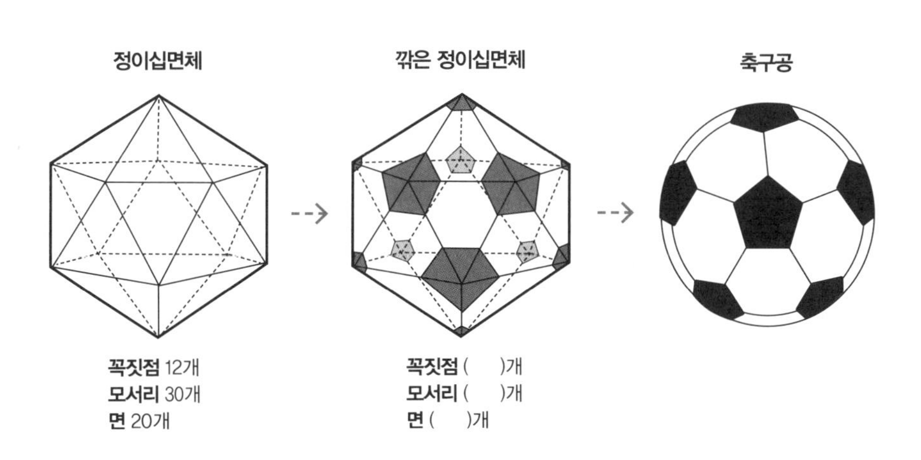

▲ 정이십면체로 축구공 만들기

들여다보기

답을 맞춰 볼까요? 깎은 정이십면체의 면은 32개, 모서리는 90개, 꼭짓점은 60개랍니다. 어떻게 이런 답이 나왔는지 함께 확인해 봐요.

우선 면의 수부터 볼까요? 깎은 정이십면체는 정이십면체의 꼭짓점을 잘라 만든다고 했죠? 총 12개의 꼭짓점을 잘랐으니 12개의 면이 더 생겼을 거예요. 다음으로 모서리의 수를 살펴볼까요? 그림을 보면 정육각형과 정오각형의 변이 2개씩 만나 깎은 정이십면체의 모서리 하나를 이루고 있어요. 그러니 모든 다각형을 이루는 전체 변의 수를 더해 2로 나누면 깎은 정이십면체의 모서리 수가 나옵니다. 꼭짓점도 이런 방법으로 구할 수 있어요. 그림에서 정오각형의 꼭짓점 1개와 정육각형 꼭짓점 2개가 모여 깎은 정이십면체의 꼭짓점 하나를 이루고 있죠? 다각형의 꼭짓점 3개가 모여 깎은 정이십면체의 꼭짓점 하나가 된다는 뜻이니, 전체 다각형의 꼭짓점 수를 3으로 나누면 깎은 정이십면체의 꼭짓점 수를 구할 수 있어요.

깎은 정이십면체의 면과 모서리, 꼭짓점의 수 구하기

1. 면의 수 = {(정이십면체 면의 개수) + (새로 생긴 면의 개수)} = 20 + 12 = 32

2. 모서리의 수 = {(전체 육각형의 변의 수) + (전체 오각형의 변의 수)} ÷ 2

$$= \frac{6 \times 20 + 5 \times 12}{2} = \frac{120 + 60}{2} = \frac{180}{2} = 90$$

3. 꼭짓점의 수 = {(전체 육각형의 꼭짓점 수) + (전체 오각형의 꼭짓점 수)} ÷ 3

$$= \frac{6 \times 20 + 5 \times 12}{3} = \frac{120 + 60}{3} = \frac{180}{3} = 60$$

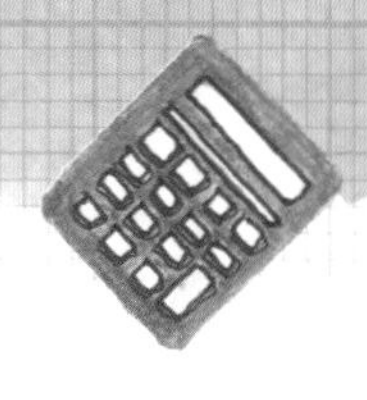

과일을 고를 때도 수학적으로!

오늘은 과일을 사러 과일가게에 갔어요. 싱싱하고 맛있는 과일이 잔뜩 있더라고요. 선생님은 사과를 좋아해서 사과를 사기로 했어요. 가격을 보니까 큰 사과는 2개에 2000원, 작은 사과는 5개에 2000원이었어요. 어떤 걸로 사는 게 이득일까요?

주인아저씨 몰래 자를 꺼내서 크기를 재 봤어요. 그랬더니 큰 사과는 너비가 10cm, 작은 사과는 5cm였어요. 그래서 선생님은 큰 사과를 샀답니다.

어떤게 작은 사과일까요?

아무리 너비가 2배라도 작은 사과를 사는 게 이득 아니냐고요? 네, 선생님도 어렸을 때는 그렇게 생각했어요. 하지만 계산을 해보면 전혀 다른 결과가 나와요.

큰 사과의 너비가 작은 사과의 너비보다 2배 크죠? 여기서 중요한 건, 너비가

2배이면 전체 양은 훨씬 큰 차이가 난답니다. 사과를 반으로 뚝 잘랐을 때 단면을 보자고요. 단면의 넓이는 큰 사과가 작은 사과의 4배가 되겠지요($2 \times 2 = 4$)? 그런데 사과는 입체잖아요? 그렇다면 단면의 넓이가 아닌 전체의 부피로 비교해야겠지요. 부피를 비교했을 때, 큰 사과는 작은 사과의 8배나 된다는 계산이 나와요($2 \times 2 \times 2 = 8$)! 그러니까 큰 사과 1개는 작은 사과 8개와 같은 거죠. 큰 사과 2개는 작은 사과 16개가 되겠죠? 16개에 2000원과 5개에 2000원이라면 어떤 걸 살래요?

자, 이제 여러분도 중요한 사실을 알았으니 앞으로 과일이나 야채를 고를 때 단순히 개수만 따질 게 아니라 부피를 따져서 사도록 해요.

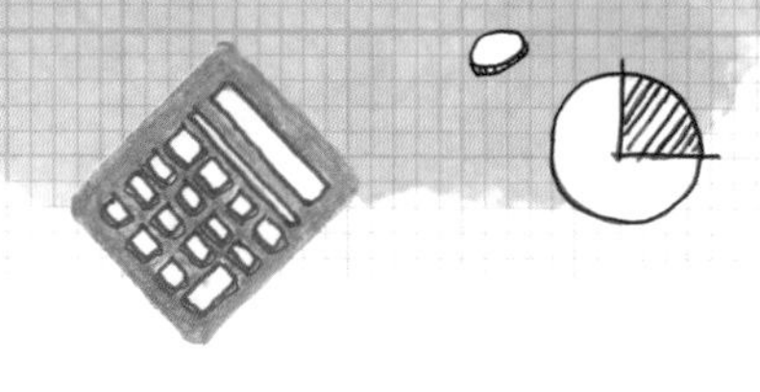

탁자 다리가 3개라고?

오늘 집 정리를 하다가 탁자 위에 책을 올려놨더니 탁자가 한쪽으로 기울더라고요. 그 탁자는 나사를 돌려 다리 길이를 조절할 수 있도록 돼 있는데, 균형을 맞춰 놓아도 항상 금방 어긋나 버려요. 어쩌면 여러분 집에도 다리 길이가 맞지 않아 한쪽에 얇은 나무판이나 종이를 끼워 넣은 의자나 식탁, 책상, 장롱 같은 가구가 있을지도 모르겠네요.

그럼 혹시 탁자 다리를 3개로 만들면 어떻게 될까요? 결론부터 말하자면, 신기하게도 다리가 3개일 때는 이런 일이 일어나지 않습니다. 어째서일까요?

그냥 생각하기에는 다리가 3개인 것보다 4개일 때 더 안정적일 것 같지만, 사실 그렇지 않아요. 주변에 다리가 3개인 것들에는 무엇이 있을까요?

혹시 카메라를 고정시키는 삼각대를 본 적이 있나요? 흔히 '삼발이'라고도 하지요. 이름에서도 알 수 있듯이 다리가 3개예요. 학교에

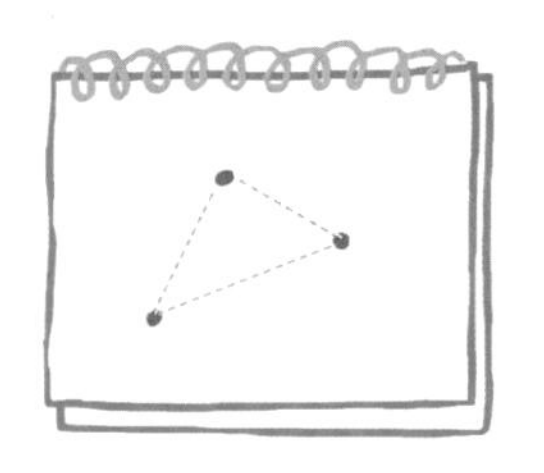
▲ 점을 3개 찍을 경우

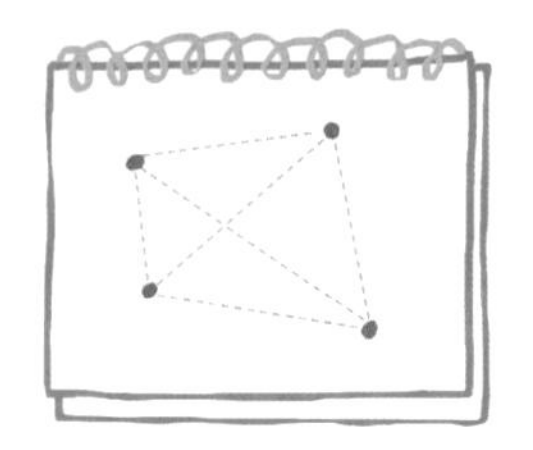
▲ 점을 4개 찍을 경우

서 수업 시간에 실험을 할 때 쓰는 도구 중에도 '삼발이'라는 것이 있지요? 이렇게 다리가 3개인 기구나 도구가 많은 이유는 그게 더 안정적이기 때문이에요. 이유가 뭘까요?

종이에 점을 3개 찍어 보세요. 이때 점 3개가 모두 하나의 직선에 있어서는 안 돼요. 자, 이제 그 점들을 이용해 만들 수 있는 평면의 개수가 몇 개인지 생각해 보세요. 몇 개나 나올까요? 답은 1개입니다.

그럼 이번에는 점을 4개 찍어 보세요. 그리고 몇 개의 평면을 만들 수 있는지 생각해 보세요. 여러 개가 나오죠?

이렇게 서로 다른 3개의 점은 오직 하나의 평면을 결정한답니다. 반면 다리가 4개 이상의 점은 여러 개의 평면을 결정하지요. 그래서 그중 하나라도 높이가 다르면 이 다리들이 다른 평면을 지탱해 버리기 때문에 삐걱거리는 거예요. 오직 '안정성'만을 고려한다면 다리가 3개인 것이 이상적이겠죠?

하지만 다리가 3개일 때는 받치는 힘이 약해져서, 물건의 위치와 무게에 따라 불안정해진다는 단점이 있답니다.

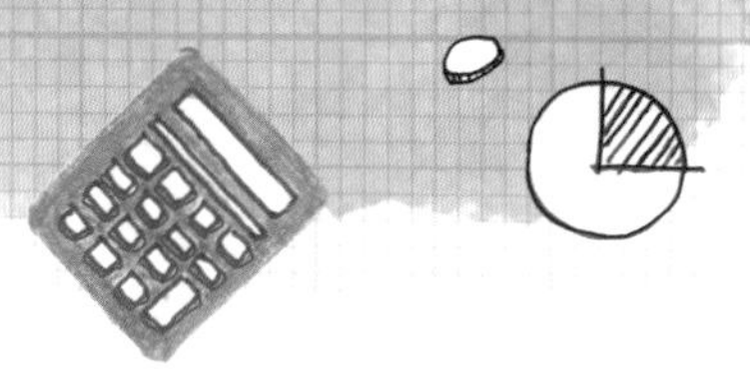

피라미드는 외계인의 건축물?

혹시 이집트를 여행해 본 친구가 있나요? 이집트라고 하면 무엇이 떠오르나요? 스핑크스, 미라, 사막 그리고 피라미드…….

이집트에서 피라미드가 만들어진 것은 기원전 2650년경이었다고 해요. 처음에는 계단식으로 된 피라미드가 만들어지다가 나중에는 삼각형 모양의 피라미드로 발전했다고 하죠. 현재 세계에 남아 있는 피라미드는 크고 작은 것을 합쳐 약 80개 정도예요. 그중에서도 가장 유명한 것이 이집트의 기자(Giza)에 있는 '3대 피라미드'인데, 기원전 2500년경에 만들어졌다고 해요. 이 3대 피라미드 중에서도 가장 큰 것이 쿠푸 왕의 대(大)피라미드입니다. 대피라미드는 1895년 프랑스의 에펠탑*이 만들어지기 전까지는 '인간이 만든 건축물 중 가장 거대하고 높은 건물'이었다고 해요.

이 거대한 피라미드를 만들기 위해 약 10만 명이 20년이나 동원됐다고 전문가들은 추론하고 있지요. 이 피라미드에 들어

에펠탑

1889년 프랑스 혁명 100주년을 맞아 파리 만국 박람회장에 세운 철탑. 높이는 324m로, 미국 '자유의 여신상'의 구조를 설계한 프랑스의 건축가 귀스타브 에펠(Alexandre Gustave Eiffel, 1832~1923)이 설계했다.

▲ 피라미드

간 돌 하나하나의 높이가 2m 이상이고, 폭은 5m가 넘죠. 무게는 평균 2.5톤인데, 이런 돌이 약 230만 개가 사용되었다고 해요. 지금처럼 과학이 발달한 것도 아닌데 어떻게 그 거대한 돌들을 옮기고 하나씩 위로 쌓아 올렸는지에 대해서는 전문가들 사이에서도 의견이 다양해요. 심지어는 당시 인류의 기술로는 만들 수 없는 구조물이라며 외계인들의 건축물이라고 말하는 사람도 있지요.

그런데 이 대피라미드는 수학적으로도 상당히 흥미로운 점이 많아요. 우선 대피라미드의 높이는 원래 147m나 됐는데, 시간이 지나면서 꼭짓점 부분이 닳아서 현재는 약 137.5m 정도 돼요. 보통 빌딩 한 층이 약 3m라고 하면 40층짜리 고층건물보다 높겠네요. 신기한 것은 원래 높이였던 147m에 10을 9번 곱하면 지구에서 태양까지의 거리가 나와요. 또한 대피라미드를 이루고 있는 돌의 총무게에 1천조를 곱하면 지구의 무게가 된다고 해요. 이런 이유로 대피라미드는 지구의 크기를 기록하기 위한 시설이라고 주장하는 이들도 있어요.

여기서 끝이 아니에요. 대피라미드의 밑면은 한 변의 길이가 230m인 정사각형이고, 옆면은 이등변삼각형인데, 이런 입체도형을 정사각뿔이라고 하지요. 그런데 옆면과 밑면이 이루는 각이 정확하게 52도예요. 그리고 높이(147m)와 밑면을 이루는 사각형의 한 변의 길이(230m)의 비는 약 1 : 1.6이에요. 어디서 본 비율이죠? 그래요, 앞에서 배웠던 황금비예요. 그리고 밑면 둘레의 길이(230×4 = 920m)를 높이의 2배(147×2 = 294)로 나누면 원주율 π에 가까운 값이 나와요.

한두 가지도 아니고 이렇게 다양한 수학적 비밀이 담겨 있는 이 건축물을 3500년 전의 사람들이 치밀한 계산을 해서 만든 것일까요? 아니면 우연의 일치일까요? 그것도 아니라면 정말 외계인이 만든 것일까요? 아직 확실한 것은 없지만, 어쨌든 쿠푸 왕의 피라미드는 참 흥미롭죠?

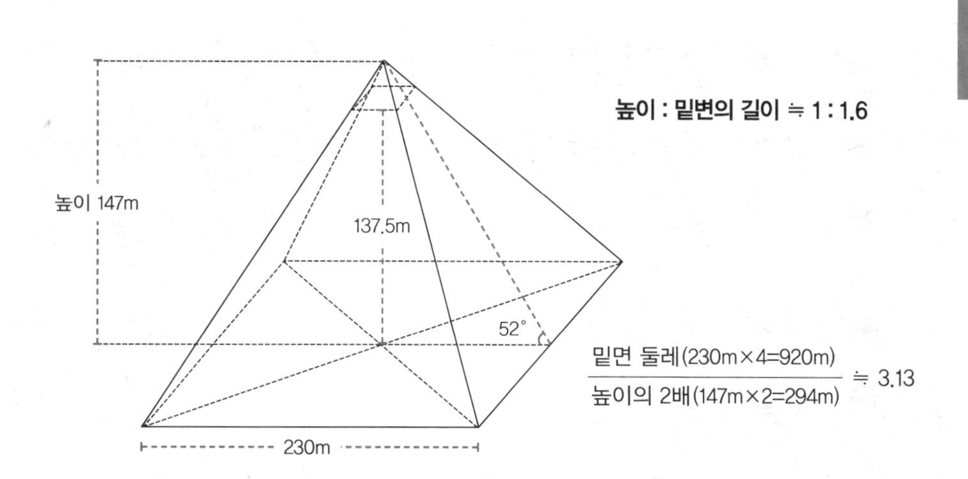

▲ 쿠푸 왕의 대피라미드에 담긴 수학적 비밀

 우수와 일랑이의 수학 배틀

정이십면체로 싸우다!

일랑이의 공격 축구공이 나를 배신했어!

쉬는 시간이 됐어요. 수업 시간에 열심히 공부하느라 머리가 아팠죠. 그래서 잠깐 잠이나 자 볼까 하는데, 일랑이가 뭔 종이를 하나 꺼내더니 저에게 휙 던졌어요.

일랑 야, 이거 접어 봐.

종이에는 이런 그림이 그려져 있었어요.

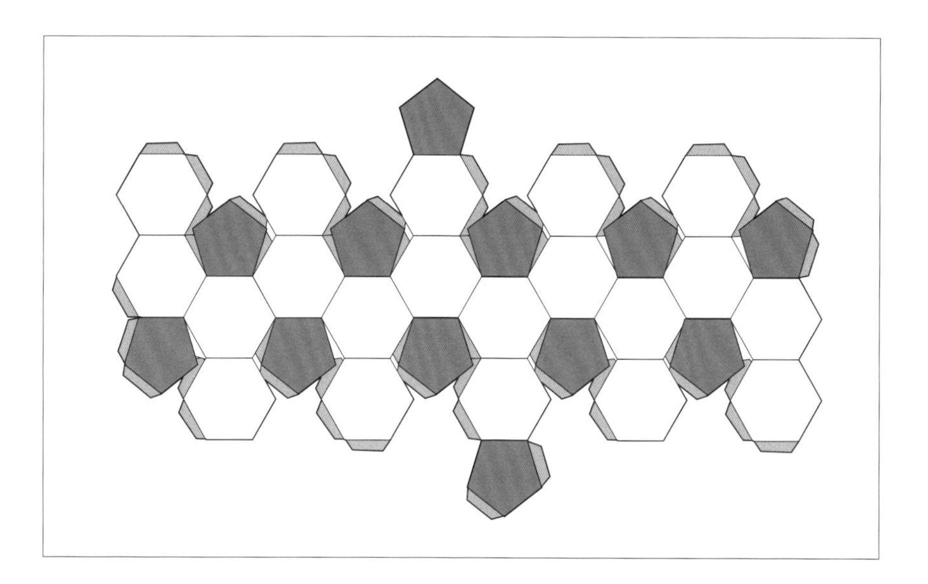

우수 이런 걸 왜 접어?

일랑 일단 접어 봐. 그럼 축구공 모양이 나올 거야.

우수 (나는 일랑이를 마음껏 비웃어 주기로 했어요.) 푸하하! 너 바보 아니냐? 이게 어떻게 축구공이 돼?

이렇게 실컷 약을 올려 줬어요. 약이 올랐는지, 일랑이는 안경을 고쳐 쓰고는 친구에게서 가위와 풀을 빌려 와서 종이를 이리저리 오렸어요. 그리고 몇 군데에 풀을 칠하더니, 종이를 접어서 붙였죠. 그랬더니 세상에, 진짜 축구공 모양이 나왔어요!

일랑 푸하하! 너 바보 아니냐? 축구공이 다면체라는 거 배웠잖아!

일랑이는 그날 하루 종일 나를 바보라고 놀렸어요. 나는 할 말이 없었죠. 그러면서도 속으로는 어떻게든 복수를 하겠노라 다짐을 했지요. 이제 다들 알겠지만, 나는 놀림을 당하면 어떻게든 갚아 줘야 직성이 풀리거든요. 눈에는 눈, 이에는 이! 다면체로 나를 놀렸다면, 나도 다면체를 이용해서 너를 꺾어 주겠어!

우수의 반격 명함 세 장으로 눌러 주마!

학교가 끝나고 집에 오자마자 집에 쌓여 있던 수학책들을 모두 꺼내서 읽었어요. 특히 '입체도형' 중에서도 '다면체'에 대한 내용들을 열심히 읽었답니다. 그랬더니 아주 멋진 게 나왔어요. 이거면 일랑이의 콧대를 눌러 줄 수 있겠어!

다음 날 아침, 나는 출근하시는 아빠를 붙잡았어요. 졸린 눈을 비벼 가며 아빠를 불렀죠.

우수 아빠, 나…….

아빠 용돈 어제도 줬잖아.

우수 (세상에! 난 그냥 부른 건데 아빠는 너무 앞서 갔어요!) 그게 아니고, 명함 있으면 세 장만 줘요.

아빠는 용돈 달라는 게 아니라서 안심을 한 것 같았어요. 그리고 명함을 세 장도 아니고 네 장씩이나 주셨답니다. 그 앞에서 세 장만 있으면 된다고 나머지 한 장을 찢어 버리다가 볼을 꼬집히긴 했지만요.

2교시가 끝나고 쉬는 시간에 나는 영어 공부를 하려는 일랑이를 불렀어요. 일랑이는 공부를 방해한다고 귀찮아하면서도 영어 책을 접었어요.

일랑 왜? 바보야. 나 공부하는 거 방해해서 너처럼 바보 만들려고?

우수 (우와, 기분 나쁘다! 이렇게 기분 나쁘기는 내 12년 인생에서 처음이에요! 하지만 곧 복수할 걸 생각하면 이 정도는 참을 수 있답니다.) 축구공이 어떻게 생겼다고 했지?

일랑 벌써 까먹다니, 역시 바보구나. 정이십면체에서 꼭짓점을 다 잘라내면 된다니까, 이 바보야.

우수 그럼 그 전에 정이십면체를 만들어야겠네?

일랑 당연하지, 바보야!

우수 (진짜 화난다! 말끝마다 바보래요. 한 대 쥐어박고 싶었지만 꾹 눌러 참고, 일랑이에게 말했어요.) 그럼 정이십면체를 만들어 봐. (일랑이는 좀 당황한 것 같았어요.)

일랑 그걸 지금 어떻게 만들어?

우수 (바로 지금이 복수를 할 시간이에요.) 못 만들어? 이것만 있으면 금방 만들 수 있는데……. (그리고 아빠한테서 받은 명함 세 장과 가느다란 실을 꺼냈어요. 일랑이는 나를 보고 혀를 쯧쯧 찼죠.)

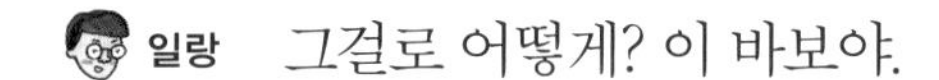

일랑 그걸로 어떻게? 이 바보야.

우수 내가 왜 바보냐? 못 만드는 네가 바보지. 좋아, 그럼 내가 이걸로 정이십면체를 만들면 앞으로 나를 바보라고 부르지 마! 대신 오늘 하루 동안 내가 널 바보라고 부를 거야! (일랑이는 고개를 끄덕였어요. 걸려들었어!)

나는 어제 책에서 본 대로 했어요. 다음 그림처럼 명함 두 장(A, B)은 가운데를 명함의 짧은 변의 길이만큼만 자르고, 나머지 한 장(C)은 가장자리까지 잘랐죠.

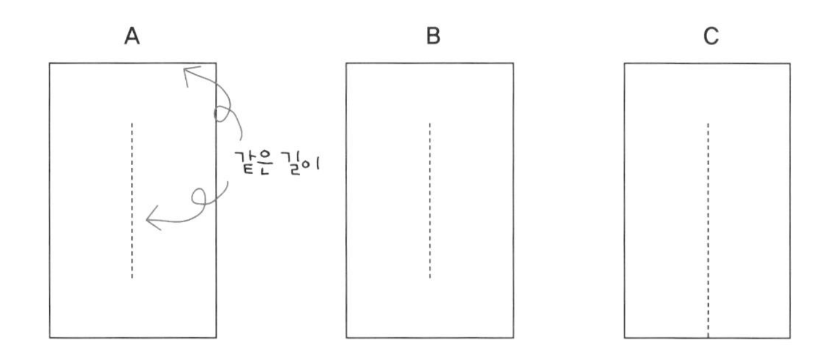

A를 B의 자른 틈으로 끼운 다음, C의 자른 부분을 A의 잘린 틈으로 넣었어요. 다음은 간단했죠. 가느다란 실로 모든 꼭짓점을 이은 거예요! 미리 연습을 해 봐서 그런지 금방 됐답니다.

우수 자, 봤냐?

일랑 이게 정이십면체라고?

우수 그래, 자세히 봐.

일랑 그냥 명함이랑 실인데?

우수 모서리를 이은 실들이 이루는 모양을 보라고!

일랑이는 의심쩍은 눈으로 날 쳐다봤지만, 그래도 시키는 대로 했어요. 처음에는 대충 보다가 깜짝 놀라서 안경을 고쳐 쓰고 다시 살펴봤지요. 그리고 몇 분이나 살펴보더니 귀신에라도 홀린 것 같은 얼굴로 물었어요.

일랑 바보야, 이거 어떻게 한 거야?

우수 어허! 바보라니! 이제 바보는 너야! 넌 바보라서 설명해 줘도 이해 못 할 거야! (일랑이는 한 방 먹었다는 표정이었어요. 아, 통쾌해!)

어떻게 한 건지 여러분도 궁금하죠? 여기에는 황금비의 비밀이 숨어 있어요. 가로와 세로의 비가 황금비가 되는 직사각형 종이 세 장이면 충분해요. 명함은 대부분 가로와 세로의 비가 황금비를 이루지요. 명함이 없다면 황금직사각형이 되도록 종이를 오려서 사용해도 된답니다.

3

수학 너머의 수학

1
1/2
?
5
1
6

09 고차원 수학

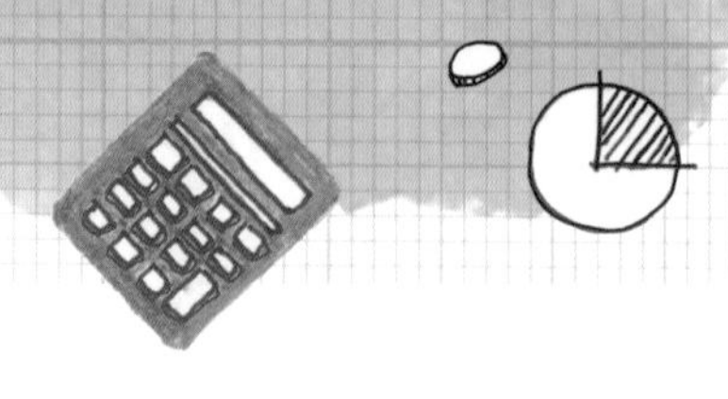

차원이라는 말은 무슨 뜻일까?

주변이나 방송에서 남들이 쉽게 이해할 수 없는 행동을 할 때 '사차원'이라는 말을 많이 하죠? 아니면 축구나 노래 같은 걸 정말 잘하는 사람을 보면 '차원이 다르다'는 말도 해요. 이때 차원이란 남들과 다르다는 의미로 많이 사용하지요. 하지만 수학에서 말하는 차원이란, 어떤 것의 위치인 '좌표*'를 나타내는 데 필요한 수의 개수를 뜻한답니다. 무슨 뜻이냐고요?

만약 우리가 일직선 위로만 걸어갈 수 있다면 우리는 일차원에 있는 거예요. 왜냐하면 우리의 위치는 앞이나 뒤로 몇 걸음처럼 하나의 수로 나타낼 수 있으니까요. 학교에서 배운 '직선'이 바로 일차원을 나타내는 것이지요. 일직선 위의 점과 기준이 되는 원점으로부터의 거리를 나타내는 데는 하나의 숫자만 필요하지요. 흔히 원점을 0으로 표현하는데, 만약 원점으로부터 오른쪽으로 3만큼 갔다면 좌표는 (+3)으로, 왼쪽으로 3만큼 갔다면 좌표는 (-3)

좌표

직선이나 평면, 공간 안에서 점의 위치를 나타내는 수 또는 수의 짝. 보통 기준이 되는 원점을 0으로 고정하여, 나타내는 점을 위치에 따라 +와 -로 표시한다.

으로 표현해요. 이렇게 위치를 나타내는 데 하나의 수만 있어도 되는 직선은 일차원입니다.

그렇다면 평면 위에서는 어떨까요? 평면 위에서는 좌우뿐만 아니라 상하로의 이동도 가능하죠? 그래서 어느 점의 위치를 나타내는 데 숫자 1개로는 부족합니다. 2개가 필요하지요. 중학교에서 배우는 '좌표평면'이 바로 이차원이에요. 기준점으로부터 오른쪽으로 2, 위로 3 떨어졌다면 좌표는 (2, 3), 왼쪽으로 2, 아래로 3만큼 떨어져 있으면 좌표는 (-2, -3)이 된답니다. 이렇게 점 하나의 위치를 표현하는 데 2개의 숫자가 필요한 평면은 이차원이 됩니다.

이렇게 따져 나가다 보면 '공간'은 삼차원이 되겠지요? 만약 네모난 상자 안에서 어떤 점의 위치를 표현한다면 앞뒤, 좌우, 위아래 세 가지 움직임만 생각하면 되니까요.

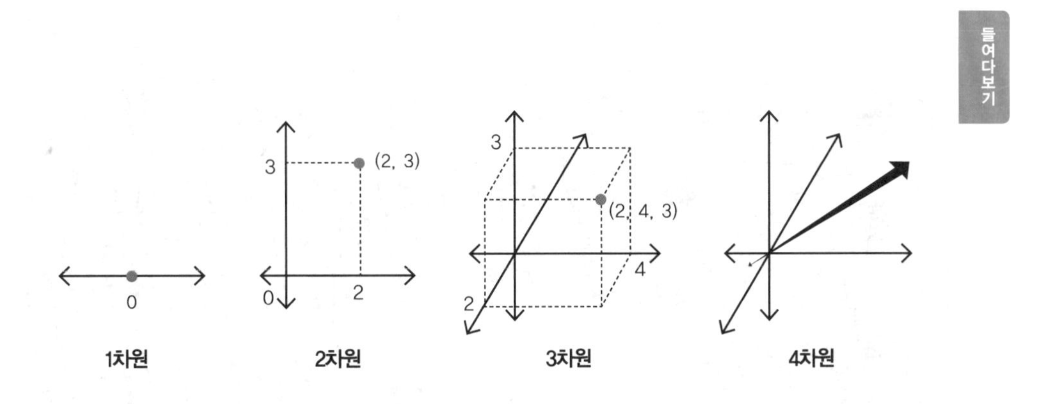

▲ 1~4차원 좌표

위도와 경도

지구 위의 위치를 나타내는 데 사용하는 두 개의 축 중 가로로 된 것을 위도, 세로로 된 것을 경도라 한다. 위도는 적도와 평행한데, 적도를 0으로 하여 남북으로 각 90도로 나눈다. 북쪽의 것은 '북위', 남쪽의 것은 '남위'라 한다. 경도는 영국의 그리니치 천문대를 지나는 선을 '본초 자오선'이라 하여 이를 기준으로 삼아, 동쪽과 서쪽을 각각 '동경'과 '서경'으로 표시한다.

그렇다면 여기서 질문! 지구의 표면은 몇 차원일까요? 아마도 지구가 구형이니까 삼차원이라고 생각하는 친구들이 있을 텐데, 질문을 잘 봐야죠. 지구의 '표면'이라고 했죠? 네, 그래요. 지도에서 보면 흔히 나오는 '경도*'와 '위도*'라는 두 가지 기준으로 위치를 표현하는 것처럼 지구의 표면은 이차원입니다. 단, 여기에 높낮이의 개념인 '고도'가 끼어들면 그때부터는 위치를 표현하는 데 3개의 숫자가 필요한 삼차원이 되는 거지요. 삼차원에서의 좌표를 나타내는 공간좌표는 고등학교에서 배울 수 있답니다.

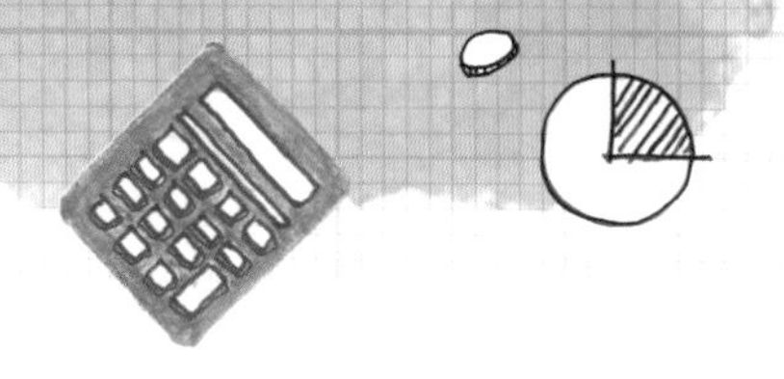

개미와 거미는 다른 차원에 산다고?

선생님은 어렸을 때 엄마 몰래 설탕물을 만들어서 가느다란 막대에 바르고, 그 위에 개미를 올려놓고 논 적이 있어요. 개미가 단물을 따라 막대 위를 기어 다니는 모습이 귀여웠거든요. 이때, 막대 위를 움직이는 개미는 좌우로만 이동하겠지요? 우리는 개미가 일차원에서 살도록 만들 수 있는 거랍니다. 조금 놀다가 개미를 바닥에 내려놓았어요. 그랬더니 열심히 돌아다니더라고요.

그런데 큰일 났어요! 개미가 바닥에서 열심히 돌아다니다가 거미줄 근처로 가는 거예요! 거미줄 저 위쪽에는 거미 한 마리가 기다리고 있네요! 네, 그래요. 거미는 개미와 다르게 거미줄을 이용해 위아래로도 움직일 수 있어요. 그러니 이차원 생물이라고 할 수 있는 거지요. 아, 다행히 개미는 거미줄을 피해 어디론가 갔어요. 집에 간 걸까

▲ 개미

요? 만약 거미가 거미줄을 타고 내려와 개미를 잡아갔다면 개미의 심정은 어땠을까요? 아마 무슨 일이 일어난 건지도 몰랐을 거예요.

선생님이 그런 생각을 하는 사이에 파리 한 마리가 귀찮게 이리저리 날아다니다가 거미줄에 걸렸지 뭐예요! 불쌍한 파리…….

파리가 불쌍한 건 불쌍한 거고, 선생님은 그 파리를 보면서 삼차원에 대한 생각을 했답니다. 네, 파리는 공중에서 자연스럽게 획획 방향을 틀면서 날아다니죠? 그러니 앞뒤와 좌우, 심지어는 위아래로도 마음대로 돌아다니는 거예요. 즉, 삼차원의 생물인 거지요. 물론 삼차원의 파리가 지금 막 이차원의 생물인 거미의 먹이가 됐지만 말이에요.

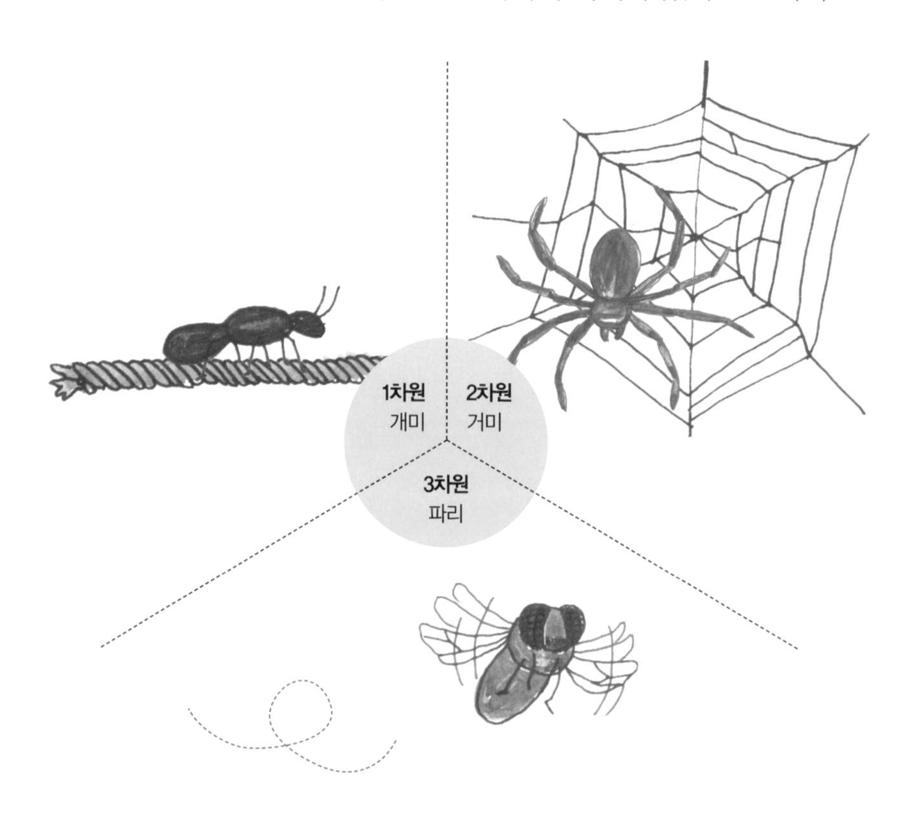

이쯤 되면 여러분도 궁금하겠죠? 인간이 현재 삼차원에서 살고 있는데, 만약 사차원에서 어떤 생명체가 나타난다면 어떻게 되는 걸까? 거미 앞의 개미처럼 무슨 일이 일어나는지도 모를까? 아니, 그보다 '사차원'이라는 게 있기는 한 걸까?

만약 사차원이 존재한다면 그곳의 생명체에게는 앞뒤, 좌우, 위아래 이외의 다른 축이 있을 거고, 그 축을 이용해 이동할 수도 있겠지요? 당연히 인간은 느끼지 못할 거예요.

이렇게 인간이 느끼지 못하는, 사차원에 존재하는 또 하나의 축을 '시간의 축'이라고 하는 사람들도 있습니다. 누군가 시간의 축을 통해 이동한다면 과거와 미래를 왔다갔다한다는 뜻이겠지요.

이런 말을 한 사람도 있어요.

"UFO가 갑자기 나타났다가 갑자기 사라지는 것도 인간이 살고 있는 지구와는 차원이 다른 세계로부터 왔다가 인간이 볼 수 없는 또 다른 축으로 이동했기 때문이 아닐까?"

물론 답은 선생님도 알 수 없답니다.

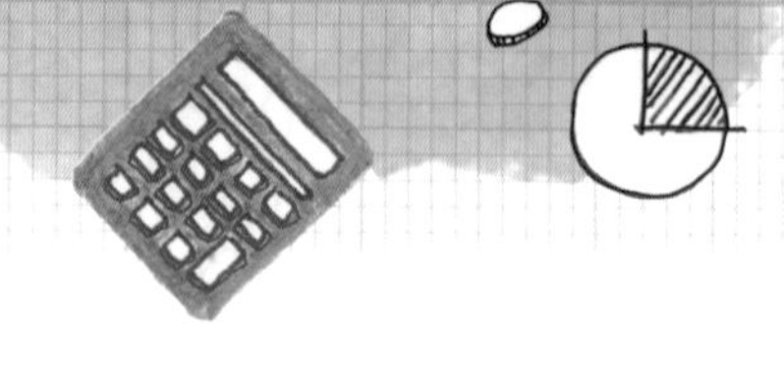

내 눈을 의심하게 만드는 뫼비우스의 띠

옛날 사람들은 지구가 편평하다고 믿어서, 계속 걸어가면 낭떠러지가 나온다고 생각했지요. 지구가 둥글다는 것을 직접 보여 준 사람은 콜럼버스예요. 그는 지구가 둥글다고 믿었기 때문에, 남들이 생각하는 방향과 반대 방향으로 항해를 해 인도에 가려 했어요. 그렇게 도착한 곳은 인도가 아닌 오늘날의 아메리카 대륙이었지만요. 그 후 마젤란이 세계 최초로 지구를 한 바퀴 돌아 지구가 둥글다는 것을 증명했습니다. 그는 비록 항해 도중에 죽었지만 그의 배는 지구를 한 바퀴 돌았거든요.

뫼비우스의 띠는 몇 차원일까요?

이제 지구가 둥글다는 것은 누구나 다 알고 있지요. 그런데 우주는 도대체 어떤 모양일까요? 우주의 끝에 가 볼 수 없는 사람들로서는 우주가 어떤 모양을 하고 있는지 알 길이 없겠죠.

독일의 수학자이자 천문학자였던 아우구스트 뫼비우스(August Ferdinand Möbius, 1790~1868)도 우주의 구조에 흥미를 느꼈다고 해요. 그런 뫼비우스가 우주의 구조와 모양에 대해 고민하던 중 만든 것이 바로 '뫼비우스의 띠(Möbius Strip)'예요. 만드는 방법은 간단해요. 우선 띠 모양의 종이를 준비해 한쪽 끝에 풀을 바르세요. 그리고 180도 꼬아서 반대쪽 끝에 붙이는 거예요.

겉면과 안면의 구별이 없다는 것이 뫼비우스 띠의 특징이에요. 겉이라고 생각되는 면에 연필을 대고 선을 그어 보면 그냥 보기에는 안쪽인 것 같은 면에도 선이 그어지는 걸 알 수 있지요. 즉, 안과 밖의 구분이 없는 거예요.

뫼비우스의 띠는 우주의 구조와 모양을 설명하는 이론 중의 하나로 활용되기도 해요. 얼핏 봐서는 입체인 것 같지만 안과 겉의 구별이 없는, 말하자면 평면도 아니고 입체도 아닌 모양을 하고 있으니까요. 이차원과 삼차원의 중간이라고 할 수 있죠. 그렇다면 삼차원과 사차원의 중간은 어떤 모양일까요? 어쩌면 우리도 언젠가는 사차원의 공간에 갈 수 있을지도 몰라요.

한 걸음 앞서 가기

우리 주변에서 볼 수 있는 뫼비우스의 띠

꼬인 화살표 세 개로 되어 있는 재활용 표시는 뫼비우스의 띠 모양에서 본을 딴 것이다. 재활용은 이미 사용한 것을 다시 사용한다는 의미이다. 뫼비우스의 띠가 가진 여러 성질 중 '중심을 따라 이동하면 결국 처음 위치로 돌아온다'는 것이 있는데, 바로 이런 점이 재활용을 상징하기에 적합하다.

 우수와 일랑이의 수학 배틀

신기한 띠

일랑이의 공격 자르기만 해도 길이가 두 배!

오늘도 쉬는 시간에 일랑이가 또 나에게 시비를 걸었어요. 내가 막 입이 찢어져라 하품을 하고 있는데, 일랑이가 물었죠.

일랑 너 종이 하나의 길이를 두 배로 만들려면 어떻게 해야 하는지 아냐?

우수 (난 무슨 이런 싱거운 질문이 다 있나 싶었어요.) 반으로 잘라서 이어 붙이면 되겠지.

일랑 이 바보야. 그렇게 간단한 거면 묻지도 않았지! 난 전혀 다른 방법으로도 할 수 있어.

이제는 일랑이가 바보라고 불러도 별로 기분이 나쁘지 않네요. 알고 보면 나쁜 애는 아닌 것 같거든요. 항상 나를 바보라고 부르긴 하지만, 그래도 재미있는 이야기도 많이 해 주니까요. 또 일랑이에게 복수하려고 안 보던 책을 보게 되면서 수학에 관심이 생겼거든요. 덕분에 수학 성적도 올랐어요. 그래서 화를 내는 대신 그냥 어떻게 하냐고 물었어요.

일랑이는 거만한 표정으로 웃더니 폭 2cm 정도에 길이는 20cm쯤 되는 띠를 하나 꺼냈어요. 그리고 끝에 풀을 바르더니 180° 꼬아서 반대쪽 끝에 붙였죠. 나도 저게 뭔지 알아요. 뫼비우스의 띠!

일랑 잘 봐. 이 뫼비우스의 띠 한가운데를 따라서 자르면 어떻게 될 것 같냐?

우수 (일랑이는 뫼비우스의 띠 가운데를 따라 가위질을 하면서 물었어요.) 뫼비우스의 띠 두 개가 생기겠지.

일랑 어휴, 그럴 것 같으면 내가 왜 지금 이걸 자르고 있겠어?

우수 (나를 타박하는 동안 일랑이는 가위질을 끝냈어요. 그랬더니, 세상에!)

일랑 짜잔! 봐라. 아까보다 두 배 긴 띠가 나왔지?

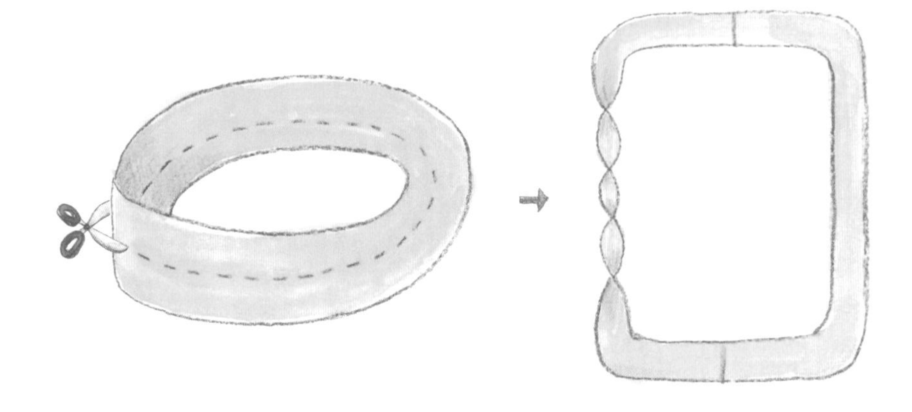

우수 (난 깜짝 놀랐어요! 가운데를 따라 잘랐는데 두 개가 되는 게 아니라 길이가 두 배로 늘어나다니!)

일랑 자, 문제를 내겠다! 이건 뫼비우스의 띠일까?

우수 뫼비우스의 띠를 자른 거니까 그것도 뫼비우스의 띠겠지.

일랑 훗! 그럴 줄 알았어. 그럼 어디 가운데를 따라 선을 그어 봐.

(난 일랑이의 말대로 가운데를 따라 선을 그었어요. 그런데 뫼비우스의 띠와 다르게 이 띠는 한쪽 면에만 선이 그어졌어요!)

일랑 뫼비우스의 띠는 180° 꼬인 거지만, 이건 720° 꼬인 거라서 뫼비우스의 띠가 아니지. 훗, 어때? 신기하냐?

오늘도 일랑이에게 한 방 먹은 것 같아 기분이 썩 좋지만은 않지만, 그래도 또 재미있고 신기한 사실을 알게 돼서 기쁘기도 하네요.

우수의 반격 나도 뫼비우스의 띠를 자를 거야!

지금까지 항상 그랬던 것처럼, 오늘도 나는 일랑이에게 복수하기 위해 집에 오자마자 수학책을 펼쳤어요. 책을 읽고 있으려니 엄마는 내가 좋아하는 피자를 사줬어요.

엄마 우리 아들 책 보는구나? 자, 피자 먹으면서 봐.

우와, 피자다! 며칠 전에 본 시험에서 수학 점수가 많이 올라서 그런가 봐요! 난 수학 점수 올리려고 책을 본 게 아니라 그냥 재미있어서 본 건데, 점수도 올랐고 피자까지 먹게 됐어요. 이런 걸 일석이조라고 하나 봐요! 아무튼 책을 열심히 봤더니 이번에도 일랑이에게 멋지게 복수할 수 있는 내용이 있었어요!

다음 날, 나는 폭 3cm에 길이 20cm인 종이로 뫼비우스의 띠를 만들었어요. 그리고 쉬는 시간이 됐을 때 일랑이에게 말했죠.

우수 난 이 뫼비우스의 띠를 두 개의 띠로 만들 수 있어! (일랑이는 뫼비우스의 띠를 힐끔 보더니 고개를 절레절레 저었어요.)

일랑 가운데를 잘라봐야 길이만 두 배가 된다는 건 어제 내가 알려 주지 않았냐?

우수 알아. 어제 말해 준 걸 까먹었겠어? 내가 바보인 줄 아냐?

일랑 어, 너 바보 맞잖아.

우수 (이럴 때는 화를 내지 말고, 그냥 웃는 게 낫겠죠?) 아무튼 너는 두 개로 만들지 못하는 거구나?

일랑 넌 할 수 있다고?

우수 (난 고개를 끄덕였어요. 그리고 이렇게 말했죠.) 그래. 그리고 그 띠가 서로 고리처럼 얽히게 만들 수도 있어.

우수 (일랑이는 내 말을 믿지 못하는 것 같았어요.) 못 믿겠다면 내가 보여 주지. 잘 봐. 아주 신기한 일이 일어날 거야.

일랑 안 신기할 것 같은데?

우수 (나는 일랑이의 말을 못 들은 척하고, 가위를 꺼냈어요. 그리고 폭의 $\frac{1}{3}$이 되는 곳을 따라 가위질을 했지요. 그랬더니 이렇게 됐어요!)

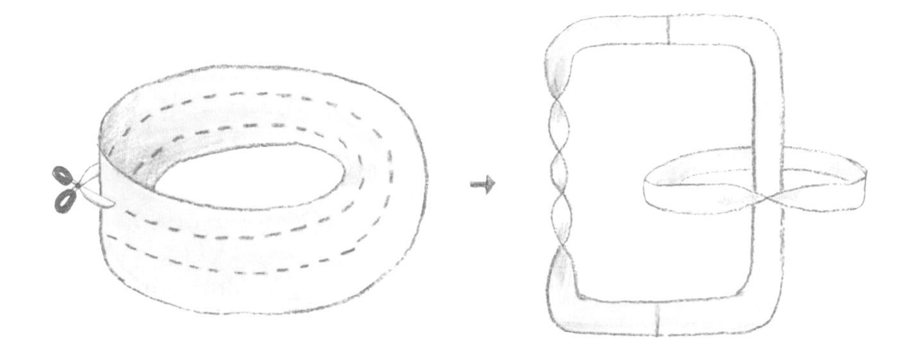

우수 또 신기한 걸 보여 주지. 이 긴 띠는 어제 네가 반으로 잘랐을 때처럼 720° 꼬인 띠가 돼. 그렇다면 이 짧은 띠는 어떨까?(나는 말을 하면서 짧은 띠의 가운데를 따라 선을 그렸어요.)

일랑 헉! 뫼비우스의 띠잖아?

우수 그래, 뫼비우스의 띠와 720° 꼬인 띠 하나가 서로 고리처럼 연결되지. 어때? 신기하지?

일랑 뭐… 별로 안 신기해.

말은 이렇게 했어도 사실 정말 신기해하고 있다는 게 표정에 다 드러났어요. 솔직하지 못한 일랑이이지만, 오늘은 왠지 귀여워 보였지 뭐예요.

5
1
6

10

수학의 확장

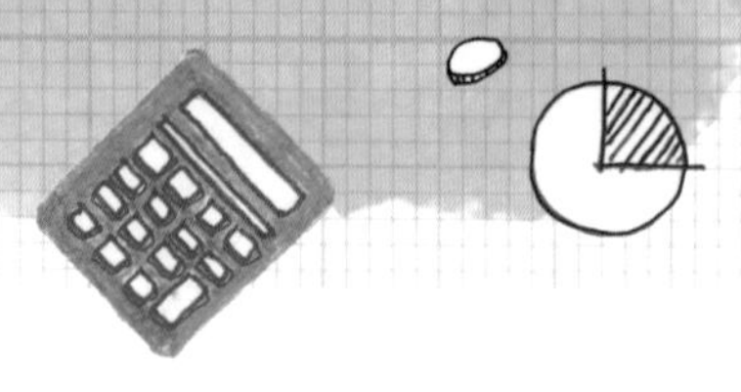

쾨니히스베르크의 다리

'쾨니히스베르크의 다리'라는 말을 들어 본 적이 있나요? 쾨니히스베르크라는 사람의 두 다리 얘기를 하는 것 같죠? 하지만 그런 게 아니에요.

18세기, 유럽에 프로이센이라는 나라가 있었어요. 독일 동북부에 있던, 한때는 상당히 강성했던 나라인데 지금은 러시아의 땅이 되어 버렸죠. 물론 나라 이름도 없어졌고요. '쾨니히스베르크'는 그 프로이센에 있었던 마을 이름이에요. 1946년에 '칼리닌그라드'라는 이름으로 바뀌었지요. 아무튼 그곳에는 '프레겔'이라는 강이 흘렀는데, 이 강은 사진처럼 마을을 4개로 나누고 있었습니다. 그리고 7개의 다리가 마을을 연결했죠. '쾨니히스베르크의 다리'란 이 7개의 다리와 이 다리들에 관련된 문제를 뜻해요. '7개의 다리를 딱 한 번씩만 건너서

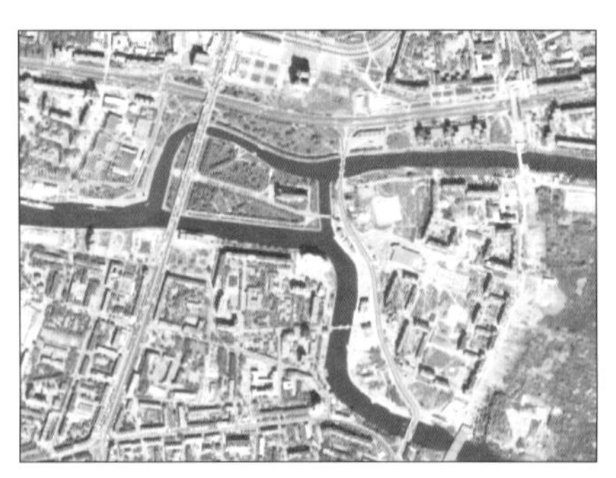

▲ 쾨니히스베르크

4개 지역을 모두 거쳐 갈 수 있을까?'라는 문제죠. 언뜻 보기에는 아주 간단해 보이는데, 많은 사람들이 그 문제에 도전했지만 답을 구하지 못했어요. 그런데 1735년 스위스의 수학자 오일러*가 그 문제를 풀었죠. 그것도 아주 간단한 방법으로요. 무척 간단했지만 당시까지 누구도 생각지 못했던 획기적인 방법이었어요.

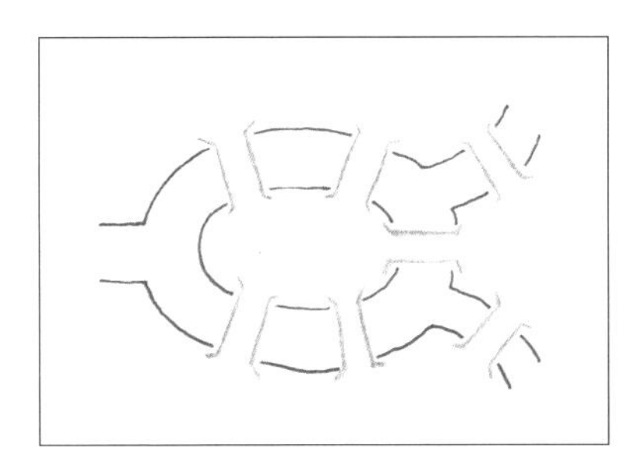

그럼 오일러가 어떤 방법을 써서 해결했는지 알아볼까요? 혹시 여러분, 한붓그리기가 뭔지 알고 있나요? 도형을 그릴 때 한 번도 떼지 않으면서 같은 선 위를 두 번 지나지 않게 그리는 걸 한붓그리기라고

한 걸음 앞서 가기

레온하르트 오일러 (Leonhard Euler, 1707~1783)

역사상 가장 많은 논문을 발표한 수학자인 오일러는 '수학책 각 페이지마다 등장한다'는 말이 있을 정도로 수학에 지대한 영향을 미쳤다. 원주율 파이(π) 기호를 세상에 널리 퍼뜨린 것은 물론이고, 고등학교에서 배우게 될 sin, cos, tan 등도 오일러로 인해 다른 수학자들도 사용하게 됐다. 아이들도 즐겨 하는 한붓그리기는 오일러가 '쾨니히스베르크의 다리' 문제를 풀 때 처음 사용했던 것이다. 후세에 사람들은 이렇게 말하기도 했다. "사람이 숨을 쉬듯이, 새가 하늘을 날듯이, 오일러는 계산을 했다."

해요. 아마 그림책 같은 데서 해 본 적이 있을 거예요. 오일러는 쾨니히스베르크의 다리 문제를 4개의 마을은 점으로, 7개의 다리는 선으로 생각해 그래프로 나타냈습니다. 즉, 4개의 점을 7개의 선으로 연결한 도형을 한붓그리기로 그릴 수 있는지를 생각한 것이지요.

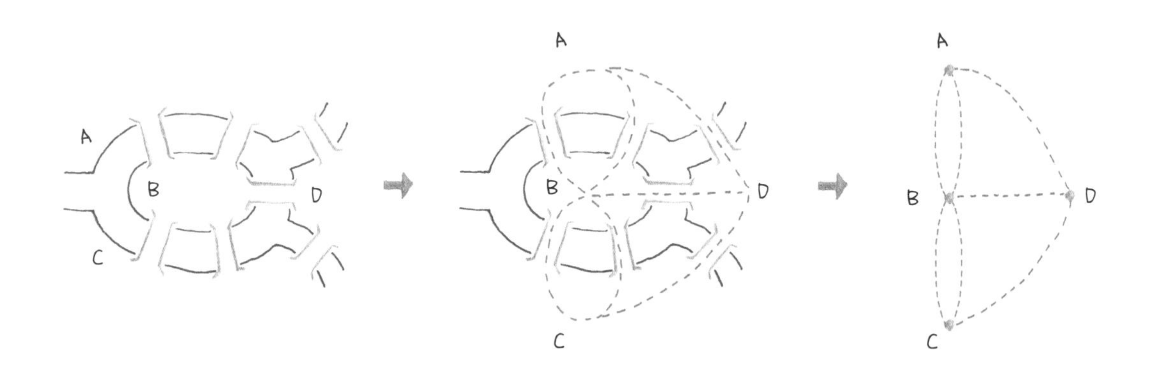

점에는 선이 짝수 개 모이는 점과 홀수 개 모이는 점이 있는데, 한붓그리기가 가능하려면 홀수 개 모이는 점이 0개이거나 2개만 있어야 해요. 오일러는 쾨니히스베르크의 다리를 한붓그리기로 표현했을 때 모든 점에 모이는 선분의 개수가 홀수이므로 한붓그리기를 할 수 없다는 것을 증명했답니다.

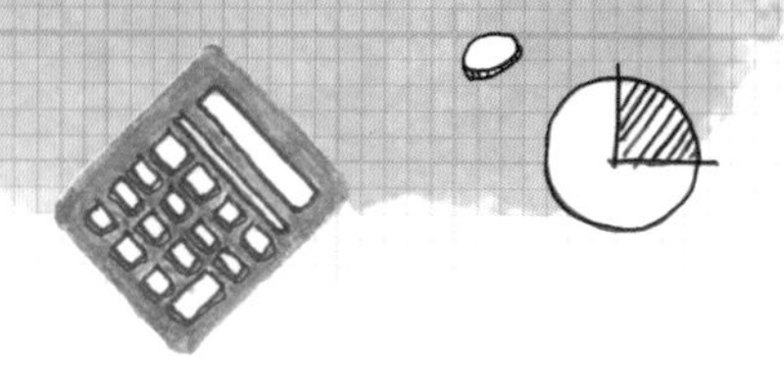

둘째 시간

위상수학이란?

오일러가 쾨니히스베르크의 다리 문제를 푸는 데 사용한 방법은 수학의 새로운 분야가 됐어요. '토폴로지(Topology)' 또는 '위상수학'이라는 분야인데, 여기서는 도형의 모양이나 크기가 아닌 연결 상태만을 다루고 있어요. 연결 상태가 같은 도형을 '동형'이라고 해요. 원, 삼각형, 사각형 등은 모양이 다르지만, 위상수학에서는 서로 연결 상태가 같으므로 모두 동형이 되지요. 위상수학은 '그래프 이론'으로 발전하게 되는데, 예를 들어 지하철 노선도 등에 사용되고 있지요. 지하철 노선도를 보면 실제 거리보다는 역과 역 사이의 연결 상태를 주로 따지잖아요?

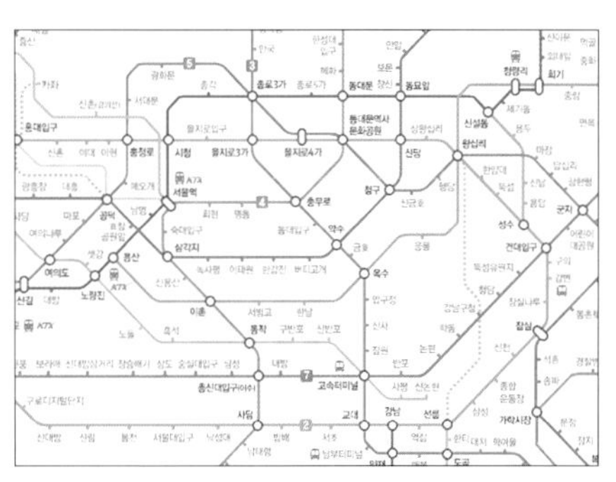

▲ 지하철 노선도

자, 이제 재미있는 문제를 내 볼까요?

위상수학과 그래프 이론이 발전하면서 나온 문제가 있어요. 일명 '사색문제'라는 건데, 이름 그대로 4가지 색을 이용하는 문제지요.

문제에 대해 간단히 설명하자면, 여러 나라가 그려져 있는 지도를 색으로 칠할 때 최소한 몇 가지 색이 필요할까요? 중요한 건 서로 닿아 있는 나라들끼리만 색이 다르면 된다는 거예요. 전혀 닿아 있지 않은 나라끼리는 색이 같아도 되는 거죠.

자, 아래 그림을 보면서 한번 직접 칠해 보세요.

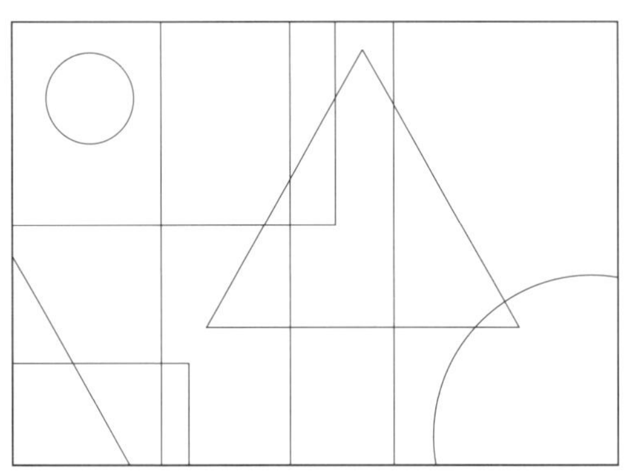

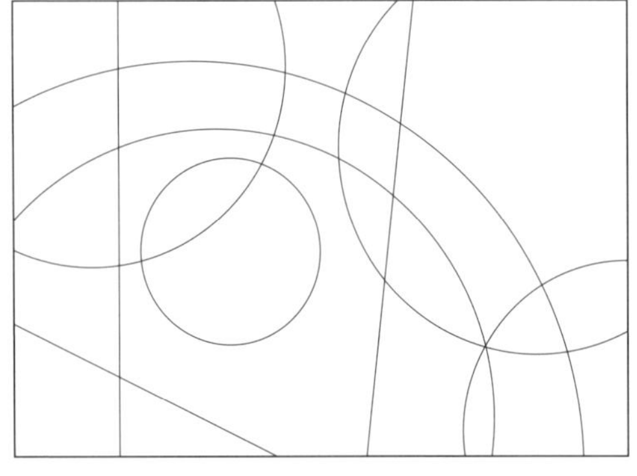

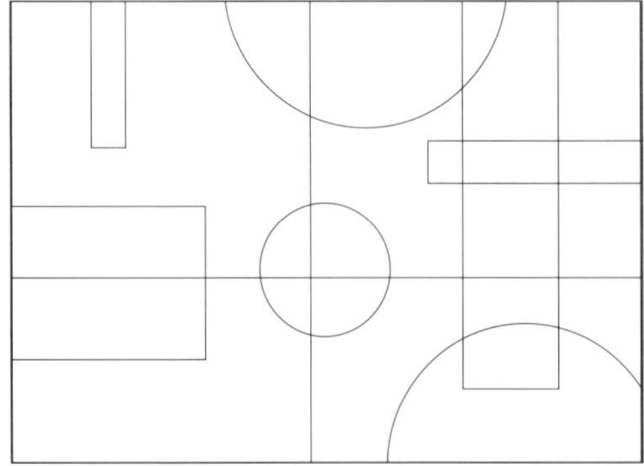

이 문제는 18세기 유럽에서 나왔다고 해요. 당시 유럽은 많은 나라가 있어서 국경이 무척 복잡했는데, 지도를 만들 때 붙어 있는 국가들을 다른 색으로 칠해서 서로 구별할 필요가 있었죠. 지도의 인쇄업자라면 당연히 사용되는 색깔의 수를 줄여서 비용을 절약하고 싶었겠죠? 그래서 지도를 칠하는 데 몇 가지 색이 필요할까를 생각한 거예요. 그런데 수학자들이 그 문제에 흥미를 가지고 도전한 거지요.

언뜻 보기에 쉬워 보이는데, 수많은 수학자들이 이 문제에 도전했다가 실패하고 말았어요. 그것도 뫼비우스, 드모르간 등 유명한 수학자들이 말이에요. 그러던 중 1890년에 히우드라는 수학자가 '어떤 지도든 5가지 색만 있으면 구별해 칠할 수 있다'라는 사실을 증명했어요!

그 후로도 4가지 색만 있으면 각 나라를 구별해서 칠할 수 있다는 것을 알고는 있었지만 실제로 증명할 길이 없었지요. 그러다가 1976년 미국 일리노이대학의 하켄과 아펠이라는 2명의 교수가 모든 지도를 약 2000종류로 분류한 다음 대형 컴퓨터를 1200시간 가동해 이것들을 모두 4가지 색으로 구분해 칠할 수 있다는 것을 알아냈습니다. 하지만 수학계에서는 컴퓨터의 힘을 빌려 증명한 것은 진정한 증명이 아니라는 견해가 일반적이어서 아직까지 미해결 문제 중의 하나로 남아 있는 상태이지요. 여러분이 도전해 보는 건 어떨까요?

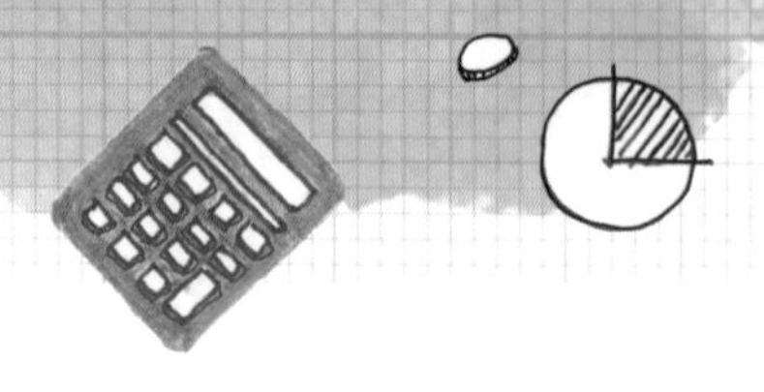

예술 속의 수학

여러분, 예술에도 수학이 한몫한다는 거 알고 있나요? 앞에 '아름다운 수'에서 건축물과 그림에 황금비를 이용한다는 이야기를 했으니까 아마 알고 있을 거예요. 하지만 단지 그 정도가 아니라, 정말 수학자와 과학자들이 좋아하는 예술가도 있어요. 특히 네덜란드 출신의 판화가인 모리츠 코리넬리스 에셔(Maurits Cornelis Escher)는 수학적인 이론을 가장 많이 표현한 예술가로, 과학자와 수학자들에게 엄청난 인기를 누렸어요. 그의 작품들을 보면 평면을 여러 가지 모양으로 분할하기도 하고, 이차원의 세계에 삼차원 형상을 표현해 불가사의한 느낌이 들죠. 앞에서 평면을 빈틈없이 메울 수 있는 정다각형은 정삼각형, 정사각형, 정육각형뿐이라고 했지요? 에셔는 이런 정다각형이 아닌 여러 가지 모양이나 동물, 사람 그림을 이용해 평면을 규칙적으로 나누었어요. 특히 대표작인 〈낮과 밤〉이라는 작품을 보면 흰 새와 검은 새가 서로 얽혀 낮과 밤을 절묘하게 표현하고 있지요.

아래 그림은 펜로즈라는 사람이 고안해 낸, 영원히 오르내리는 계단과 실제로는 존재할 수 없는 삼각형 그림이에요. 에셔의 작품들에 큰 영향을 준 것으로 알려져 있습니다.

▲ 팬로즈 삼각형

▲ 팬로즈 계단

혹시 '앰비그램(Ambigram)'이 뭔지 아는 친구 있나요? 앰비그램이란, 좌우나 위아래로 뒤집었을 때 원래와 같은 단어 혹은 다른 뜻을 가진 단어로 읽힐 수 있도록 만든 문자 예술이에요. 무료로 앰비그램을 만들어 주는 사이트도 있답니다(http://ambigram.matic.com/ambigram.htm). 아래는 이 사이트에서 수학(mathematics)으로 만든 앰비그램이에요.

mathematics

mathematics

180° 뒤집어도 같은 단어가 나와요

뒤집어서 봐도 같은 글자가 나와요. 신기하죠? 이렇게 수학은 예술에도 큰 영향을 미치고 있답니다.

 우수와 일랑이의 수학 배틀

수학자가 될 거야!

일랑이가 우리 집 근처에 갈 데가 있다고 해서 오늘은 집까지 같이 왔어요. 맨날 그랬던 것처럼 오늘도 티격태격 다투다가 일랑이가 물었어요.

일랑 넌 커서 뭐 되고 싶냐?

갑자기 그런 걸 물어볼 줄은 몰랐어요. 사실 얼마 전까지는 뭐가 되고 싶은지 생각해 본 적이 없었지만, 지금은 알고 있어요. 그래서 당당히 대답했죠.

우수 수학자. (일랑이는 깜짝 놀란 것 같았어요.)

우수 요즘 계속 너랑 수학 얘기를 하다 보니까 엄청 재미있더라고. 수학에 빠져들고 있는 것 같아. 수학자가 되거나 아니면 아이들에게 수학을 가르치는 선생님이 되고 싶어. (그래요, 최근에 맨

날 일랑이에게 복수하겠다고 수학책을 보다가 수학에 재미를 붙인 것 같아요. 그래서 수학 공부를 열심히 해 보기로 했어요.)

우수 너는 뭐가 되고 싶은데? 공부를 엄청 잘하니까 의사나 변호사? (저는 당연히 둘 중 하나일 줄 알았는데, 일랑이는 의외로 고개를 저었어요. 그리고 대답을 들었을 때 저는 너무 놀랐답니다.)

일랑 나도 너랑 같아. 수학자가 되고 싶어.

우수 (우와, 이 녀석이랑 나에게도 공통점이 있다니! 정말 놀랐어요. 그런데 일랑이가 수학자가 되고 싶은 이유는 생각보다 간단했어요.)

일랑 아직 풀지 못한 미해결 문제가 있다던데, 내가 풀어 보고 싶어.

우수 (그리고 일랑이가 해 준 얘기는 다음과 같답니다.)

일랑 소수에는 3과 5처럼 딱 2차이가 나는 소수가 있는데, 이런 걸 '쌍둥이 소수'라고 해. 현재까지 알려진 가장 큰 쌍둥이 소수는 2011년에 발견됐어. 하지만 쌍둥이 소수가 한없이 많은지 아닌지는 아직 아무도 증명하지 못했대. 중요한 건 아닐지 몰라도, 난 이렇게 아직 아무도 풀지 못한 문제들을 내 손으로 풀고 싶어.

우수 (와, 듣고 보니 수학자가 되고 싶은 이유도 저랑 비슷해요. 저에게도 아직 남들이 풀지 못한 문제를 풀어 보고 싶은 생각이 있거든요. 그래서 저도 일랑이에게 말해 줬어요.)

우수 내가 제일 좋아하는 수학자는 오일러야. 그런데 그 오일러한테 골드바흐(Goldbach)라는 사람이 편지를 적어 보냈대. '골드바흐의 추측'이라고 알려졌는데, '4 이상의 모든 짝수는 두 개의 소수의 합으로 나타낼 수 있다'는 내용이었지. (나는 종이를 꺼내서 숫자를 몇 개 보여 주었어요.)

$$4 = 2 + 2$$
$$6 = 3 + 3$$
$$8 = 3 + 5$$
$$\vdots$$
$$22 = 11 + 11$$
$$\vdots$$

우수 자, 이런 식이야. 오일러는 이게 사실인지 증명하지 않았고, 아직까지도 이 추측이 옳은지는 증명되지 않았어. 백억 자리까지의 짝수에 관해서는 골드바흐의 추측이 옳다는 걸 수학자들이 확인했대. 하지만 이것만으로 증명했다고는 할 수 없으니 내가 이걸 꼭 풀어 보고 싶어.

이렇게 얘기를 하면서 걷다 보니 어느새 집에 도착했어요. 일랑이와 싸우지 않고 얘기를 한 건 처음이라 조금 놀랐어요. 의외로 착한 녀석일 수도…….

일랑 그럼 난 볼일이 있으니까 가 볼게. 잘 들어가고 내일 보자. (일랑이가 모처럼 웃으면서 인사를 했어요. 저도 같이 웃으면서 손을 흔들어 줬답니다.)

우수 그래, 열심히 해 보자. 내일도 재미있는 수학 이야기 기대할게!

에필로그

여러분은 지금 무엇을 위해 수학 공부를 하고 있나요?

수학자들은 특별한 목적을 위해 수학 이론을 만들기도 하지만, 우연치 않게 발견한 수학 이론이 여러 곳에 활용되기도 합니다. 아르키메데스가 원주율 파이를 소수점 이하 둘째 자리까지 구했을 때, 그것이 오늘날 온갖 운동의 식을 나타내는 데 필요하리라고 예상했을까요? 에라토스테네스가 소수를 찾아내는 방법을 연구했을 때, 소수가 오늘날 전자상거래의 암호로 쓰이게 될 거라고 상상이나 했을까요? 이탈리아의 수학자 카르다노가 허수(제곱하여 0보다 작은 수)를 처음으로 수(數)로 인정했을 때, 그것이 약 400년이 지나 아인슈타인의 상대성 이론을 설명하는 공식에 쓰일 걸 알았을까요? 2002년, 러시아의 수학자 그레고리 페렐만은 '20세기 최대의 난문(難問)'이라던 '푸앵카레의 추측'을 증명해 냈습니다.

이 문제에는 100만 달러의 상금이 걸려 있었죠. 이 업적으로 페렐만은 '수학의 노벨상'이라는 필즈상 수상자로 선정됐지만, '수학 연구에 방해가 된다'며 수상을 거부했다고 합니다. 그렇다면 그들은 무엇을 위해 수학을 공부하고 또 연구하는 것일까요?

기원전 3세기경, 당시의 수학을 집대성한 책인 《원론》을 쓴 유클리드라는 수학자가 있었습니다. 어느 날, 그에게 기하학을 배우던 젊은이가 '선생님, 이 어려운 기하학을 공부해서 대체 어떤 이득이 있는 겁니까?' 라고 질문을 했다고 합니다. 그러자 유클리드는 하인에게 이렇게 말했다고 하지요.

"저 녀석에서 동전 한 닢을 주거라. 저 녀석은 공부를 하여 뭔가 이득을 얻지 않으면 안 되는 것 같으니까."

이렇게 말하고는 그 제자를 쫓아냈다고 합니다.

파스칼, 오일러, 가우스, 와일즈 등 수많은 수학자들이 대부분 10대에 수학적 재능이 싹텄다고 합니다. 이 책을 읽고 있을 여러분에게도 무한한 가능성과 잠재력이 있습니다. 수학에 대한 흥미와 호기심이야말로 수학 공부에 있어 가장 중요합니다. 이 책이 여러분의 수학적 흥미와 호기심을 자극하는 데 조금이라도 도움이 됐기를 바랍니다.

참고문헌

《数学史》矢野健太郎, 科学新興新社, 1989

《すばらしい数学者たち》矢野健太郎, 新潮文庫, 2008

《挑戦！数学の頭脳トリック》仲田紀夫, 三笠書房, 2004

《裏・表のない紙》仲田紀夫, 黎明書房, 1994

《偉大な数学者たち》岩田儀一, ちくま学芸文庫, 2006

《美しい数学のはなし》（上・下）大村平, 日科技連, 1997

《数のはなし》大村平, 日科技連, 1981

《数学基本用語小辞典》井川俊彦, 日本評論社, 2006

《日常の数学辞典》上野富美夫, 東京堂出版, 1999

《数学者たちはなにを考えてきたか》仙田章雄, ベル出版, 2010

《図解雑学 フェルマーの最終定理》富永裕久, ナツメ社, 1999

《数学の天才列伝》竹内均, ニュートンプレス, 2002

《算数おもしろ大事典》いっきゅう, 学研, 2007

《Mathematics : A Very Short Introduction》Timothy Gowers, Oxford University Press, 2002

《A Biography of the World's Most Mysterious Number》Alfred S. Posamentier & Ingmar Lehmann, Prometheus Books, 2004

《Five-Minute Mathematics》Ehrhard Behrends, American Mathematical Society, 2008

《황금 비율의 진실》마리오 리비오 저, 권민 역, 공존, 2011

언젠가 수학왕이 될 거야!

창의에 빠진 꼴찌와 얄미운 일등의 수학 배틀

2012년 7월 2일 1판 1쇄 박음
2012년 7월 10일 1판 1쇄 펴냄

지은이 성민영
감수자 박경미
펴낸이 김철종

책임편집 노준승
표지 · 본문 디자인 김문정 **일러스트** 김문정
마케팅 최단비 오영일

펴낸곳 (주)한언
주소 121-854 서울시 마포구 신수동 63-14 구프라자 6층
전화번호 02)701-6616 **팩스번호** 02)701-4449
전자우편 haneon@haneon.com **홈페이지** www.haneon.com
출판등록 1983년 9월 30일 제1-128호
ISBN 978-89-5596-644-2 63410

한언의 사명선언문

Since 3rd day of January, 1998

Our Mission – 우리는 새로운 지식을 창출, 전파하여 전 인류가 이를 공유케 함으로써 인류 문화의 발전과 행복에 이바지한다.

– 우리는 끊임없이 학습하는 조직으로서 자신과 조직의 발전을 위해 쉼 없이 노력하며, 궁극적으로는 세계적 콘텐츠 그룹을 지향한다.

– 우리는 정신적, 물질적으로 최고 수준의 복지를 실현하기 위해 노력하며, 명실공히 초일류 사원들의 집합체로서 부끄럼 없이 행동한다.

Our Vision 한언은 콘텐츠 기업의 선도적 성공 모델이 된다.

저희 한언인들은 위와 같은 사명을 항상 가슴속에 간직하고
좋은 책을 만들기 위해 최선을 다하고 있습니다.
독자 여러분의 아낌없는 충고와 격려를 부탁 드립니다.
• 한언 가족 •

HanEon's Mission statement

Our Mission – We create and broadcast new knowledge for the advancement and happiness of the whole human race.

– We do our best to improve ourselves and the organization, with the ultimate goal of striving to be the best content group in the world.

– We try to realize the highest quality of welfare system in both mental and physical ways and we behave in a manner that reflects our mission as proud members of HanEon Community.

Our Vision HanEon will be the leading Success Model of the content group.